72個愛心餐盒 ✕ 300道百搭主副菜

冷便當聖經

用美味佳餚表達量身訂作的愛與初心！

冷便當社12人等共同參與

林育嫺 編著

時報出版

編著者序

早起準備便當，聽起來似乎是件苦差事，為心愛的人準備一份量身訂作的便當，卻是段浪漫美好的人生記憶。

廚房，是一處極為私密的情感場域，當我們獨自面對著生食，重複處理著食材，在料理的每個當下，卻因心底想傳遞的細微情感：對方喜歡什麼菜色，偏好什麼樣的口味；如何把營養和美味藏進菜裡，讓孩子吃到媽媽所給予的獨一無二的愛意；如何用好吃的食材，去寵愛去滋養家人的身心靈……因為這些那些對心上人的種種思緒，不僅讓料理起了化學變化，也讓廚房成為家庭裡愛的濃度最高的場所。

為家人或自己準備便當，更可說是這種愛的極致表現。

量身定制的份量、菜色、口味，甚至為了增加食慾而絞盡腦汁地擺盤、做造型，小小的便當盒裡，裝載的是持續且濃烈的深厚愛意。若沒有真摯的情意，又怎能讓人心甘情願犧牲睡眠，站在清晨的廚房裡，滴著汗或打著哆嗦面對生肉、砧板和油煙呢？在鍋爐前，想像著愛人打開便當那剎那的幸福感，這份初心，讓放進便當盒的每一口滋味，都能嚐到額外的幸福濃郁。

2018年，我3歲的女兒進入幼稚園，必須自備便當，儘管當時孩子喜歡熱食，但學校因安全考量，規定只能準備冷食。一個需要集思廣益的念頭，便在臉書創立了「冷便當社」，一個做便當的共學園地，讓所有跟我一樣有做冷便當需求的人，能在分享中相互學習成長。社團成立短短2年，社員人數突破12萬人，管理社團意外成為我的一份無薪責任，沒有下班時間，也沒有週休二日，卻是生活中一首美麗動人的小詩。

就我觀察，冷便當社是一個非常特別的網路社團，它不是由單一一位烹飪高手為了累積個人人氣而存在，因為這份無私的特殊性，社團裡聚集了便當界的所有高手。少了利己的商業考量，大家彼此單純討論、切磋、鼓勵和分享，一起走一段準備便當的人生旅程，也因此成就善的循環，是個充滿愛與溫暖的社群。對此，我心懷感激。

在這本書裡，我從12萬社員裡萬中選一，挑選12位用心做便當的前輩們，為讀者設計共12週、72個不重複菜色的便當。從最容易上手的原型便當──台式、日式便當，到各式特色便當，如異國料理便當、麵食便當、西式便當和減醣便當，再進階到創意造型便當。從簡單到繁複，由淺入深帶領讀者走進做便當的世界，期許就算從零廚藝開始，也能一步一步跟著本書實作，進而成為便當能手，甚至造型巧手。

同時，也採訪書寫高手們做便當的初心，記錄她們一路走來的成長軌跡。裡面有為自己下廚的北漂大學生，也有為健康而開始做便當的減醣達人，為上班族妹妹準備便當的貼心姊姊，為二代農老公準備便當的賢妻，為心愛的小姪女準備便當的姑姑，當然還有好幾位為孩子準備便當的媽媽們，每一位的便當，都能吃到讓人驚嘆的好手藝和柔情似水的情意。

透過他們的故事，更希望能讓讀者了解一件事：「所有便當高手都是從零開始。」

做便當與精進廚藝，沒有先後順序，可以並行。同為素人的他們做得到，閱讀這本書的你，也可以。用故事鼓勵大家，不管是什麼身分背景、角色扮演，只要擁

有同樣的一份心意，一旦開始就會體悟，做便當不難，更是件讓人打從心底快樂的事。

最有趣的是，我在故事的主角們身上發現，無論是什麼原因踏上做便當的這條路，愛上做便當的人，竟都是如此神采奕奕，甚至發出了令人喜悅的和煦光芒。因為樂在其中，每一段做便當的意外旅程，讓她們找到了生活喘息的出口，找到新的嗜好、人生方向，或是找回自己過去曾遺忘的某種義無反顧，亦或是找到讓天賦發揮的使力點。因為心裡有愛、有熱情，看不到視煮食為工作的苦味，她們都學會用便當微笑著傾訴生命的甜蜜美好。

後來我才領悟，啊～做便當又何嘗不是帶領我找回生命的使命，從做便當到經營管理社團，再回頭寫書，用自己最熟稔的企劃、採訪和寫作過程，回歸執著與熱愛著的人生志業。

原來，不管透過便當傳遞了愛給誰，更珍貴的，是愛上做便當的自己。

光這點，就值得好好學做便當，為心愛的人踏進廚房，勇敢去愛自己一回。

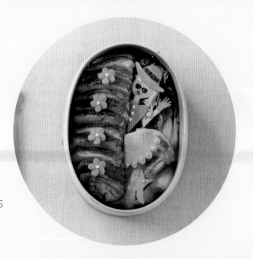

造
型
便
當

温栗伶＿傳遞愛語的造型便當

本書使用方式

便當全圖　　主副菜造型技巧　　料理名稱

▶ 料理單品圖

- 1 小匙是 5ml，1 大匙是 15ml，1 杯 是 150c.c.，一碗是 200c.c.
- 烹煮火候若沒有特地註明，請以中火烹調。
- 平底鍋原則上為不沾鍋。
- 蔬菜類皆完成清洗與削皮等動作，包含蕈菇與豆類。
- 同一種的料理保存時間視每人烹調方式與環境因素有些許差異。

▶ 步 驟 圖

便當小技巧　　食材、調味料、醬料、醃料份量　　步驟說明

作者群

便當製作起手式

難易烹調心法大公開

冷便當知識 Q&A 全解

近年來冷便當越來越盛行，許多人因為上班地點無法加熱便當，又因健康考量不想外食，還有許多吃不慣學校營養午餐的孩子主動要求帶便當，沒辦法中午送餐的媽媽們，也會選擇嘗試冷便當。從台灣人習慣的熱食，轉到常溫食用的冷便當，「該怎麼準備？」「食物是否會臭酸？」「從製作完成到中午這段時間該如何控溫？」種種對冷便當的概念和製作過程產生的疑慮便一一浮現。

以下針對「冷便當社」成立以來，最常被提出討論的問題做詳盡的Q&A彙整，
只要掌握好這些原則，就能確保吃到健康且安全無虞的冷便當喔。

冷便當是什麼？

冷便當是不蒸、不加熱的便當。通常當天早上現做，飯菜煮好放至「全涼」後，再裝進便當盒，常溫保存或放在保冷袋中帶出門，中午直接食用。

夏天氣溫較高時，可在保冷袋裝入事先已冷凍的冰寶或保冷劑，或將冰凍一晚的飲料或瓶裝水，外層包裹薄毛巾後一起放在便當袋中，這樣一來，便當放至中午食用也沒問題。建議直到食用前，都將便當袋放在陰涼處為佳。

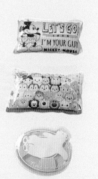

冰寶或保冷劑

一定得當天早上現做嗎？

早上現做是最能保證食物不走味的方式。若是帶隔夜菜，前晚一煮好就要在第一時間裝盛進冰箱冷藏，千萬不要吃完後，才將剩菜裝入便當盒，食物也絕對禁止沾附到口水。隔天早上要重新覆熱食物至中心溫度達70℃以上，放涼後再上蓋，畢竟食物放冰箱只能減緩細菌生長，多一道殺菌程序，更能安心食用。

為何飯菜要全部放涼再裝進便當盒？

便當菜還有餘溫時就蓋上蓋子，水蒸氣會被密封在便當盒內，溫熱的便當菜加上水氣，食物降溫不夠快，10-60℃的環境就成了細菌快速繁殖的溫床，放到中午食物很容易臭酸腐敗。這也是為何將食物冷藏在4℃以下或保存在65℃以上的環境，就能相對避免細菌生長。

因此正確的作法是，每道便當菜一煮熟，直接在盤上或濾網上分開放涼，若裝進便當盒後發現還有餘溫，可在便當盒下墊筷子增加通風、放在冰寶上、或善用電風扇等小工具幫助加速冷卻，切記：「飯菜一定要全部冷卻才能蓋上蓋子」。

飯菜要全部冷卻才能蓋上蓋子。

還有哪些作法可以避免食物變質？

避免水分是減少細菌滋生、產生食物變質的關鍵。

1 生食的生菌數高，容易汙染便當盒內的其他食物，便當菜最好都能烹調至全熟，即有殺菌效果。生菜和水果表面需擦乾水分再進便當盒，容易出水的蔬菜建議可事先做成醃漬菜，水果則另外分盒裝盛為佳。

醋漬蓮藕

2 主副菜烹煮時就盡量收乾，裝盒前要瀝乾水分或再用廚房紙巾加強吸乾湯汁。

擺盤請用小夾子。

3 避免用手碰觸已烹調好的食物，擺盤請用小夾子，捏飯糰時最好包覆保鮮膜，做壽司時可戴上拋棄式手套。

捏飯糰時善用保鮮膜。

17

4 不同的菜色有不同的保存時間，裝盒時建議不要混在一起。比較保險的方式是用分隔道具或杯子蛋糕的小紙盒做區隔，口味不混亂也較好吃。

5 便當盒使用前需徹底清潔，裝盛時也必須是完全乾燥的狀態。洗淨乾燥後的便當盒，用廚房紙巾沾醋稍作擦拭，亦可提高抑菌效果。

用分隔道具做區隔，避免口味混亂。

6 製作便當前一定要徹底清潔雙手。

Q 冷便當的菜色和溫便當有何不同？

冷便當因常溫保存，便當菜色盡量要調味過，在日式冷便當中，很常見具有天然防腐效果的食材，例如：醋、薑、咖哩粉、梅干、洋蔥、紫蘇或辛香料等，而鹽、辣椒、香草等調味料也是天然抑菌劑，不僅能降低油耗味，更能促進食慾，可斟酌口味加重比例。天氣熱時，在白飯加入少量壽司醋或白醋，用醋醃漬的漬物也很適合當冷便當的常備菜，都同樣具有延長食物保存的功效。

能提色又美味的淺漬櫻桃蘿蔔就是冰箱裡必備的常備菜。

Q 什麼樣的蔬菜適合當便當菜呢？

其實，冷便當蔬菜的選用比覆熱便當的限制少，基本上只要依個人喜好購買當季食材即可，多數人反而會以「烹煮前的保存期限」作為採購時的考量。畢竟除去了「再加熱」這道程序，蔬菜的口感、色澤和味道，中午食用時與當天早上裝盒時其實並不會有明顯差距。

但如果是在週末提前準備一整週的冷便當，就還是會有覆熱的過程，最好避免加熱容易變黃出水的深綠色葉菜或金針菇，耐煮的瓜果類、根莖類則很適合。

冷便當蔬菜種類的選用和搭配技巧，會在本書的P.25有詳盡說明。

Q 冷便當會有油耗味嗎？該怎麼避免呢？

台式的冷便當較易產生油耗味的問題，原因就在油類遇冷會產生結凍的情況，若能改變用油與飲食習慣，這個問題便能迎刃而解。

首先，食材建議盡量以偏瘦的肉來烹調，用油的種類，可選擇富含Omega-3的植物油、玄米油或苦茶油入菜。由於油品的多元不飽和脂肪成份越高，高溫穩定度也越差，高溫環境下容易氧化變質，基於這個原因，能幫助保存蔬菜中維生素C的冷壓初榨橄欖就很適合用來炒菜。

另外，則要避免使用回鍋油和動物性油脂。食材起鍋前用高溫逼油，起鍋瀝油後，要用廚房紙巾再吸乾表面浮油，或是直接改變烹調方式，以氣炸或半煎炸取代油炸，都可以降低油耗味的產生。

冷便當油品盡量選擇富含Omega-3的植物油入菜。

Q 麵類主食適合冷便當嗎？

非常適合喲，小朋友最愛的麵麵一裝進便當盒裡，幸福感秒升。只要記得，烹煮麵類若有醬汁要收乾，水煮義大利麵或各式麵條，起鍋後記得立刻先拌點油或是油醋醬，並且將麵垂直拉起，重複「撈起放下」的動作直到麵完全冷卻，就能防止沾黏。若擔心麵條糊爛，盛盒時可以捲成一口一口的小捲放入便當盒，也更方便食用。用燜燒保溫罐帶麵食的話，湯或醬料要和麵分開裝，食用前再拌在一起，就能保持麵條的口感。

該如何挑選適合使用習慣的便當盒？

便當盒種類、特色與選擇

一旦起了做便當的念頭，肯定會遇到便當盒的選擇障礙，市面上的便當盒玲瑯滿目，
該如何挑選一個符合自身需求的便當盒呢？

最基本的挑選方式是以容量來作區分，若便當是給六歲以下的孩童，容量500ml的便當
盒通常就已足夠；6-12歲的兒童，建議使用500ml-750ml的便當盒；13歲至18歲發育中
的國、高中生，或是成年女性，適合750ml-1000ml的便當盒；成年男性要完食1000ml
以上的大容量便當應該是沒有問題的。

選擇各時期適合使用的餐盒

當然從容量下手是概略性的建議，還是要依食用者的食量做調整。通常剛開始帶便當的
前2週，都算是摸索期，千萬不要一開始就購入昂貴的便當盒，建議等摸索出食量與便
當容量需求後，再入手價位高的便當盒，較不會造成閒置的浪費。

曾有位長期定居日本的友人對我說：「用保鮮盒裝便當是對便當的一種不尊重。」如果
追隨正宗的冷便當文化、或對便當美感持高標準，請直接選用會呼吸的木製便當盒吧！
雖然價格較昂貴，但因木頭本身特質能夠調節濕氣，飯冷了口感一樣Q彈不乾硬，而
且，木製便當盒的擺盤效果的確不會讓人失望。

簡單餐盒、聰明擺盤也充滿心意

而食量大或是喜歡多蔬果的話，雙層便當盒會是實用的好選擇；重效率的便當快手，則
可考慮本身就有分隔功能的便當盒，直覺式盛裝不需再額外動腦筋擺盤。

便當盒裝盛著料理人滿滿的心意，其實除了實用目的之外，挑選一個「讓自己開心」的
美美便當盒，能讓早起備餐這件事，變得額外令人雀躍期待呢。好的開使是成功的一
半，準備好便當盒，便當之路，Ready-Go！

便當盒評估 QA

以下依據「便當盒的材質」來分類，幫大家彙整各式便當盒的特質與優缺點。
如果是便當新手，也可自問以下五個問題，搭配特色比較表，
用「刪去法」選擇便當盒：

1. 吃加熱便當？還是常溫（冷）便當？
　　→ 依據覆熱方式選擇便當盒的材質。

2. 使用對象是孩童還是大人？
　　→ 依據材質的易碎程度等安全性做選擇。

3. 通勤或步行的距離？
　　→ 依據重量做選擇。

4. 飲食清淡或偏好重口味、多醬料的菜色？
　　→ 依據清洗難易度、是否易殘留味道做選擇。

5. 重便利性還是重美觀？
　　→ 依據便當盒的實用性做選擇。

[各種材質便當盒的優缺比較表]

便當和材質	304 不鏽鋼	陶瓷	琺瑯	塑膠
優點	重量輕，耐洗，耐用，耐摔，還具有兒時情懷	實用，功能性強，美觀	質地輕巧，耐酸抗異味	造型變化多，適合裝水果冷菜
缺點	樸實無華	重且易碎	會破，若有裂痕會生鏽，相對脆弱	品質不一，不環保
微波加熱	✕	✓	✕	✕
蒸飯箱加熱	✓	✓	✓	✕
電鍋加熱	✓	✓	✓	✕
放洗碗機清洗	✓	✓	✕	✕
價格	中低	高	高	低
小提醒	價格因產地和品質不同而有差異	蓋子的耐熱度與便當盒身不同，高溫加熱或清洗前，請按照標示覆蓋或分蓋	多數的琺瑯便當盒沒有密閉效果，但質感好	PP 塑膠材質才可微波加熱。若有環保考量則不推薦
推薦指數	★★★★★	★★★	★★★★	★

矽膠	木製	鋁製	玻璃	保溫便當盒
輕巧方便,耐摔,適合幼童使用	美觀,吸濕透氣,能保持米飯口感	重量輕	安心容器,密封度高,不吃味,好清洗	符合台灣人飲食習慣,通用性高,冬天非常實用
易殘留食物顏色和味道	昂貴,不能加熱	不適合盛裝酸性食材	重且易碎	視個人需求使用
✓	✗	✗	✓	✗
✓	✗	✗ ※ 依各品牌說明書操作使用	✓	✗
✓	✗	✗	✓	✗
✓	✗	✗	✓	✓ ※ 依各品牌說明書操作使用
中	高	中	中高	中高
請選擇具國際認證或 SGS 認證的產品	含細孔,若清洗不當,易累積水氣和細菌,建議食用完畢立即清洗並保持乾燥	酸性和高溫都可能導致鋁溶出,挑選時請詳閱產品說明書	「耐熱玻璃」材質的玻璃保鮮盒才適合加熱,否則有爆破碎裂風險	冬天帶冷便當時可搭配保溫熱湯食用,功能性強
★★★	★★★★★	★	★★★	★★★★

準備色香味、營養、熱量俱全的菜色

便當菜餚的基礎規劃

帶便當與外食最大的不同，大抵是食用者打開便當的剎那，那份無與倫比的幸福感吧！
為了營造這一秒的喜悅，必須對「菜色、口味、和視覺」三要件施以魔法，
妝點這個滿載著愛意的小禮盒。

每每提及菜色搭配，總會想到家庭餐桌上的三菜一湯基本盤，三道菜的指標，也是多數
便當食譜所採用，無論是以澱粉（主食），蛋白質（主菜），纖維類（副菜）各占三分
之一的營養比例作為基礎，主食之外，菜色的基本配置為一主菜＋二副菜，或是再細分
副菜種類，變成「一主菜＋一副菜＋一常備菜」，都是常見的規劃，而喜愛菜色多樣的
人，再放入一份醃漬菜和一份豆腐或蛋料理，「11211（1主食、1主菜、2副菜、1醃漬
菜、1豆蛋料理）」簡單的概念，巧妙地把均衡飲食的心意添進便當裡。

若希望能做出第一眼就讓人感到開心幸福的便當，掌握美感和把關營養可就同等重要，
而視覺勝出的祕訣就在於顏色—「紅色、黃色、綠色」三色缺一不可。也可透過五行五
色（詳見P.25）的概念搭配副菜，便當色彩越豐富，不只令人食指大動，連食用者的心情
也會跟著飛揚起來呢。因此，用蔬菜顏色決定副菜食材的選配，佐以「甜、鹹、酸」口
味以提升味覺平衡，即是暖心便當的基本款。

常備菜

蛋料理

副菜

副菜

主食、
主菜

主食（澱粉）

白飯、麵、全穀類糙米、藜麥、紫米、根
莖類蔬菜等

→**變化型**：飯糰、炒飯、炒麵、炊飯，
三明治、壽司、薯泥

主菜（蛋白質）

牛肉、羊肉、雞肉、偏瘦的豬肉，例如：
里肌肉、梅花肉或松板、海鮮類、常用魚
類如台灣鯛魚片、鯖魚、鮭魚、秋刀魚等

副菜（纖維質）

各色蔬菜

→**紅橘色（含茄紅素、紅蘿蔔素）**：紅蘿蔔、甜椒、番茄、櫻桃蘿蔔、甜菜根

→**綠色（含葉酸、葉黃素、維生素C、B1、B2等）**：具豐富膳食纖維的豆類如四季豆、碗豆、甜豆、毛豆；秋葵、芥蘭、蘆筍、青江菜、青花菜、羽衣甘藍、菠菜、高麗菜、萵苣、櫛瓜、芹菜、地瓜葉

→**黃色（含維生素A.C.D.E）**：甜椒、玉米、玉米筍、南瓜、地瓜、黃豆芽、金針花

→**白色（含膳食纖維、鉀鎂等微量元素）**：蓮藕、山藥、筊白筍、白花椰菜、白蘿蔔、苦瓜、白色菇類、洋蔥、長蒜

→**紫色（含花青素）**：紫甘藍、紫山藥、茄子、紫花椰、紫高麗菜、紫薯、紫玉米、紫芋

→**咖啡或黑色（含多醣體）**：各式菇類、栗子、紫菜、海帶芽（海藻類）、黑雲耳、黑芝麻、黑豆

醃漬菜（平衡口味）／常備菜

常用食材：小黃瓜、紫甘藍、洋蔥、大白菜、蓮藕、根莖類蔬菜

豆蛋類

各式蛋料理、豆包、豆乾、豆腐、油豆腐、麵筋、烤麩等

▨ 五行五色食材營養價值

青色（養肝）
葉酸能保護心臟，維生素對高血壓與失眠有鎮定作用。

赤色（養心）
益氣補血，提高食欲，強健骨骼。

黃色（養脾）
保護視力，維生素E能減緩衰老。

白色（養肺）
強化心血管，降低膽固醇，調節血壓與安定情緒。

黑色（養腎）
抗老化，修復細胞提升免疫力，刺激人體造血及內分泌系統。

新手如何花最少的力氣準備便當？

4 大備餐心法＋3 偷吃步
＝30 分鐘快速出餐

為心愛的人做便當是個美好的念頭，然而現實生活中，難免會遇到前晚沒睡飽、
早上睡過頭、或是偶爾想偷懶等種種心力不足的時刻，除非有堅定的意志力，
早起準備便當有時並非如想像中的浪漫。

手作便當在還沒做出興趣前，若能掌握快速出餐的技巧，縮短剛起步時的挫折期，「先
將做便當這件事內化成習慣，習慣成自然，自然便能生流暢的美感」，以這樣的預期踏
上實作旅程，更能持之以恆。

本書歸結便當高手們多年來做便當的經驗，能快速完成便當的關鍵在於：「將備餐的工
序往前挪」。也就是把備餐戰線拉長，分成「採購前」、「採買後」、「前一晚」和
「當天烹飪時」四道工序來執行，以達到當天不需再動腦就能開煮為目標，另外掌握
「善用常備菜」、「市售半成品」和「清冰箱料理」三個小撇步，經過反覆操作練習，
一旦上手，就能從容享受做便當的樂趣。

心法 1　採購前完成當週菜色規劃

根據上一個單元提到的基礎便當配置，如果能在上市場採買前事先規劃當週便當食譜，
尤其事先選定每日主菜食材，目標明確地採購食材，不但能避免當天烹煮時三心二意，
還能依保存期限輕鬆分配每日菜色。

蔬菜的選購，建議用保存期限來思考採買比例。若一週只採買一次，可採用「三一原
則」，也就是根莖類蔬菜或高麗菜等耐久放的蔬菜，至少占總蔬菜採購量的1／3；另外
1／3可選擇當季盛產的深綠色和黃綠色蔬菜；最後1／3則是能提高便當視覺效果的食
材，如高彩度的三色椒、容易搭配變化的白蓮藕、紅橘色蔬菜和有裝飾效果的香菇和刻
花蔬菜等。

心法 2　週末 1 小時分裝食材

食材採買來後，利用週末1小時的時間，先將所有食材進行初步處理，當天烹飪時就只要將食材煮熟、擺盤，便能輕鬆出門，此心法可說是輕鬆做便當的關鍵，也是最需費心的步驟。週末食材處理分成兩大重點，一是先將各式食材分裝成小包裝進冰箱冷藏或冷凍保存；二是預製成半成品冷凍。（詳見P.29）

心法 3　前一晚快速盤點

只要週末備菜備的妥當，輕鬆出餐的目標已達成一半。前一晚只要將隔日所需食材從冷凍移至冷藏，盤點副菜時，不管是已分裝好、或是原型待處理的蔬菜，此階段只要做清洗，拭乾水分後再放回冷藏等待隔日烹調，最後將白米洗好放入電鍋中按下預煮功能鍵，短短10分鐘盤點，就能讓人安心睡上一覺。

心法 4　烹飪時的小心機

一早下廚時，主菜和副菜要同步開鍋，善用二種以上烹飪工具，以瓦斯爐、烤箱、氣炸鍋、或是電鍋處理主菜，烹飪時間約20分鐘，副菜則使用小鍋以瓦斯爐烹煮，由於份量不多，小鍋加熱速度快，二道副菜最多花15分鐘即可完成。如果當天便當有蛋料理，通常直接開兩爐，一爐煎玉子燒或荷包蛋，一爐燙或炒青菜，利用不同的烹調方式，排列組合同步料理。最後加上一道可從冰箱取出不需加熱的涼拌菜或漬物，或是微波覆熱常備菜，如此一來，就算當天早上才煮白飯，一樣能在30分鐘內迅速完成一主菜＋二副菜＋一常備菜的基本便當配置。

善用二種以上烹飪工具，同時以烤箱、氣炸鍋、或是電鍋處理主菜，副菜則以小鍋用瓦斯爐烹煮。

三大撇步：
善用清冰箱料理、常備菜加菜與市售半成品

只要在空檔先準備一些可隨時自冰箱取用的常備菜，就能有「加菜」的小確幸感。具有調節口味功能的各式漬物和涼拌料理，是日式便當中最常見的常備菜，越煮越有味的燉物或適合覆熱的根莖類蔬菜，也很適合事先烹煮調味，冷藏保存約3-4天。

善用清冰箱料理。

常備食材並不侷限於蔬菜類，分裝冷凍的漢堡排、可樂餅、海鮮煎餅或是用絞肉製成的各式半成品；容易再加工變化菜色的主菜如叉燒、臘肉、照燒鮭魚等；還有義大利麵的白醬、紅醬，或是淋在水煮青菜上的各式醬料，都是可以預先製作的常備食材，冷凍保存約2-3週時間。

常備菜加菜。

每週的最後一個便當，聰明主婦最愛將當週冰箱剩餘食材做最大的利用，隨機烹煮成豐盛的一鍋料理便當，尤其炒飯、炒麵都是10分鐘內能出餐的清冰箱料理，用剩餘的隔夜菜、新鮮菜碎，加入豆類罐頭或冷凍蔬菜也能變化出營養又有飽足感的便當。

現在市面上豐富多樣的半成品食材，如冷凍魚排或肉排、各式丸類、火腿或鑫鑫腸等，雖然食品專家呼籲不要常吃加工食品，但其實只要慎選優質產品，偶爾用市售半成品或只需再加熱的熟食調理包作便當菜色變化，讓自己能稍喘口氣放鬆一下也無妨。

市售半成品或熟食調理包都很適合偶爾作為菜色變化。

便當除了是美好的情感連結，每天準備便當更是耐力與毅力的大考驗，聰明使力才能確保細水長流喔。

週末一小時食材初步處理的重點

肉類

首先將「當週便當使用量」從大包裝取出，譬如一盒絞肉取出200g、一整盒雞翅取出3-4支、一盒豬肩肉取出2塊做2天不同的主菜；再以「單個便當使用量」，依照菜單先切塊、切絲或切片，分裝進環保保鮮袋再冷藏或冷凍。也可以處理完形狀後，直接與醃料一同裝入保鮮盒內冷凍，對於肉類入味會有很好的效果，若隔天一早就要烹煮，放冷藏即可。

海鮮類

海鮮食材最注重新鮮度，需要一買回家就處理，只要留著內臟超過一晚，新鮮度就會明顯下降。鮮魚備料首先得將內臟清洗乾淨，並拭乾水分，表面抹薄薄一層鹽，也可以直接用醃料調味，用烘培紙或保鮮膜一片一片分別包覆，置入保鮮袋後進冷凍；常用的便當副菜食材如蝦仁、花枝和小卷，同樣清洗乾淨擦乾後，分小包裝冷凍；蝦子則先除去蝦頭，蝦身去殼留尾直接冷凍，也可預先裹粉處理成日式炸蝦當半成品，蝦頭則可熬煮做當晚湯底。所有冷凍海鮮建議直接分小份冷凍。

蔬菜類

蔬菜盡量以當週吃完為原則，不建議冷凍，或是稍作汆燙後再冷凍，才不會影響口感，豆類、蘆筍、青花菜都用此方法。備菜的重點則在延長保存期限和分裝，因蔬菜碰水容易腐壞，不要分裝時清洗，另外，蔬菜切面容易造成養分流失，建議烹煮前再切。而延長保存期限的祕訣是，先將包菜或生菜中間的菜梗去除；萵苣、A菜、巴西里在表面平均灑水，再用廚房紙巾包覆，放入保鮮袋中冷藏，香料類也可以用同樣方式保存，但水噴少許就好；蔬菜直立放置冷藏最下層，也可提高保存效果，根莖類蔬菜則保持乾燥放置陰涼處即可。另外，鮮菇直接分裝不需清洗，碰水會影響烹煮後的風味，如果覺得表面不乾淨，只需用廚房紙巾稍加擦拭表面即可。

便當製作工具篇

工欲善其事，必先利其器，有別於一般烹飪器材，使用適合便當製作的料理工具，
能讓備餐更加得心應手喔！

鍋具

平底不沾鍋：每家廚房一定有個人使用順手的平底鍋，新
手選購第一個不沾平底鍋可以根據尺寸挑選，直徑24cm以
下適合用來準備一人便當；若習慣一鍋準備多人、多日、
或多道菜色，26cm以上則較理想。

玉子燒鍋：通常分小或大兩種尺寸，寬約10cm的玉子燒
鍋，少少兩顆蛋就能捲出漂亮的玉子燒，寬約15cm的玉子
燒鍋煎出的蛋皮，不用裁切可平鋪在海苔上做壽司的蛋皮
內捲。就算不做玉子燒，也可當作平底不沾鍋來使用，非
常方便。相對於鐵鍋，新手建議選擇不沾鍋材質，成功率
較高。

烤箱：炫風烤箱的風扇設計讓食物受熱更均勻，雖然預熱
時間較長，但不需油炸就能烤出油炸口感，讓早上的廚房
保持乾爽。

單柄湯鍋：各式材質的單柄湯鍋都能輕而易舉地烹煮如水
煮青菜和水煮蛋等常見便當菜色。

氣炸鍋： 加溫速度較烤箱更快，操作便捷，小份料理可做出多樣變化，是便當手的好幫手。

電鍋： 能煮飯、蒸食材或加熱便當等，無油煙且簡化備餐程序，非常實用。

電子壓力鍋： 電子壓力鍋適合燉煮大份量的食材，能在短時間內快速大量製作，再分裝成小份量作為冰箱裡的常備菜。

一定要有的廚房小道具

保鮮盒： 含蓋扣的的保鮮盒便於保存冰箱常備菜，可依據加熱習慣和預算挑選材質。

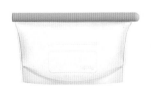

密封保鮮袋： 買菜後預先備餐時的必備工具，具夾鏈的保鮮袋適合小份量分裝、事先醃漬調味食材、或延長食材保鮮期限，塑膠材質一次性使用不環保，建議選購可重複使用的矽膠或是蜂蠟材質保鮮袋。

刀具：製作畫龍點睛的蔬菜雕刻工具、刀具，市面上頗推崇雙人牌雕刻刀。

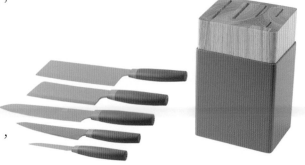

刨刀：輕易就能將小黃瓜、紅蘿蔔削成薄片，根莖類蔬菜以間隔削皮可創造視覺效果。

小夾子：就算不做造型便當，頂端收口的小鑷夾能輕鬆將每個食材就定位，方便處理便當擺盤細節。

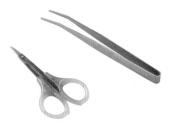

磨刀器：若沒有預算購買昂貴的刀具，準備能磨利刀具的磨刀器，同樣能提高備餐效率。

防油烘培紙、分隔矽膠板（杯）和杯子蛋糕杯：將防油烘培紙鋪在木質便當盒內再盛盤，能避免油脂沾附，讓便當盒好清洗易保存，市面上便當盒專用的烘培紙多半已裁好尺寸，方便又兼具裝飾效果。小紙杯和分隔板分隔副菜，口味不混淆外還能固定菜色擺放位置。

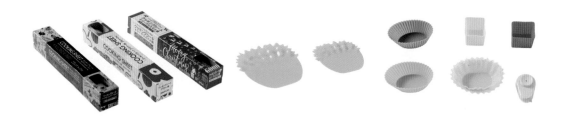

[有的話會很方便的常備調味料]

醬油／芝麻油／醋	台菜調味三寶，如冰箱內的蔥薑蒜，缺一不可。
鹽麴	由米麴、鹽和水混和發酵而成，肉類烹調前先稍做抓醃，能軟化肉質並提升食材風味；蔬菜類烹煮時拌入 1 小匙，即可取代其他所有調味料，不僅健康，更能品嚐到食材原味喔。
清酒	經過兩道發酵程序轉化為酒精的烹飪清酒，含鹽量約 2-3%，烹煮後香味較台式米酒溫潤淡雅，能為料理提供酸度、嫩化食材，並平衡甜鹹口味。
味醂	由甜糯米和麴釀造而成，口味介於糖和酒，是製作照燒料理不能缺少的材料，能平衡醬油帶來的鹹味。
味噌	發酵、熟成時間短的白味噌帶有甜味，日式料理西京燒就是用其醃漬魚片後再做燒烤，而淡口味的信州味噌是冰箱常備品，適合用來調味，與奶油結合的口味令人驚艷。顏色偏深的紅味噌適合燉、燴等烹煮方式，或做口味重的菜餚。
各式風味胡椒粉 咖哩粉	台式炸物或快炒類料理，稍稍調味便是一道下飯的便當菜。
五色芝麻 乾辣椒絲	便當收尾常使用的裝飾用材料，網路通路購買。

Part
2

便當美學入門篇

踏入餐盒高手的第一步

怎樣做出驚豔四座的便當？

擺盤基本功

擺盤有種神奇魔力，小小心思的置入，不僅讓菜色更加挑動味蕾，
更能將樸實的心意轉化為呈現個人風格且別具新意的便當。

就算是廚房老手的便當新手，換了新戰場，擺盤仍是要面對的挑戰之一。不過別擔心，
只要透過練習，掌握擺盤順序和三項核心技巧，就能化繁為簡，創作吸睛開胃的Wow
便當。

擺盤順序

1 **主食先放入便當盒：**靠近中線或2／3處以斜坡方式鋪
　飯，利用高低差方便菜色擺放，同時創造視覺的層次感。

2 **斜坡處放入大葉、生菜、或是綠色分隔版：**除了增添色彩
　外，可避免白飯吸收主菜餘油或湯汁，影響主食口感。生
　菜需完全拭乾再擺入。

3 **在步驟2上斜放主菜：**固體大面積的主菜一旦就定位，其
　他副菜更容易依附擺放。30度角擺入更能凸顯美味，令
　人想大口吃下肚。

4 **具有對比色的兩副菜併排入盒：**記得掌握紅、黃、綠三
　色。

5 **以烘培紙杯裝盛醃漬菜入盒：**盡量填滿便當縫隙，移動便
　當時就不會造成「走山」。

6 **若有蛋類料理，以適當形狀放置：**玉子燒可以用壽司捲創
　造表面紋路，或是烙印櫻花等圖型裝飾點綴，荷包蛋也可
　加上表情，提升視覺效果。

7 **收尾：**在白飯上以梅子、番茄、檸檬片畫龍點睛，或是撒
　上芝麻、五色芝麻收尾。

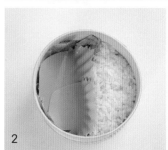

3 大擺盤核心技巧

1.整齊為成功之母： 試試看用偏執的態度將菜色擺整齊，用小夾子取代筷子做微調，「Less is more」的減法擺盤技巧，效果會讓你大吃一驚喔。

2.善用視覺平衡擺盤法： 藝術作品有所謂的黃金比例，攝影構圖也有井字、對角線和對稱法等美學理論，那麼便當擺盤是否有所謂的黃金比例呢？其實人對於美的感知道理相通，利用以下幾種擺盤配置達到視覺平衡的效果，升級為具有大師級美感的便當非難事。

二分法：

無論是何種形狀的便當盒，沿中線
對切，主菜、副菜以上下／左右
平衡擺盤，即是令人感到舒心的配
置。

三分法：

圓形便當盒也可以用主食／主菜／
二副菜各擺三分之一的面積，展現
有點變化又不脫離常軌的幸福感。

放射狀：

富有童趣的擺盤法，善用豐富色彩
創造出愉悅的效果。

九宮格法：

可說是技巧一「擺整齊」的極致表
現，每個角度都井然有序

平行斜切法：

當主食變化成壽司、飯糰、麵捲時，平行斜切是絕佳的擺放方式，利用兩旁的副菜襯托主食，有種眾星拱月的視覺效果。

色塊法：

僅以不同顏色的菜覆蓋在白飯上，日式三色丼飯是最經典的範本，可延伸至五色或六色。

平鋪法：

一鍋料理可毫不費力直接將所有菜色平鋪在主食上，只要整體顏色豐富、彩度夠，大器又開胃。

3.收尾學：所有菜色擺好後，不要急著蓋上便當盒，在白飯上簡單放上1顆梅子、番茄或檸檬片提色；以蔬果刻花點綴，並在白飯邊緣或是蔬菜上面撒上芝麻／五色芝麻；也可以隨性撒上少許香草碎、蔥絲、乾辣椒絲或七味粉，或是佐以少許醬料裝飾，如蛋包飯上擠上交錯的番茄醬與美乃滋，以牙籤一筆畫下，一排紅白愛心讓便當瞬間色香味俱全。不馬乎的收尾，能讓平淡的便當巧妙變身為讓人感到窩心的療癒系餐盒喔。

蔬果花型變化技巧

基本的蔬菜雕花是先將蔬菜切成約0.5cm厚的薄片，再用壓模壓出各種形狀，如櫻花、菊花、楓葉、或各式卡通圖案，第三步透過刀工，以花心為中心，延著花瓣45度角斜切刻出輪廓，或在葉面上輕畫凹痕作葉脈，讓刻花升級為3D的立體質感。

常用的刻花蔬菜有紅蘿蔔、白蘿蔔、櫻桃蘿蔔等，還可透過染色技巧，將白蘿蔔放入紫甘藍或火龍果醋漬液中，即可產生淡粉桃紅等顏色變化。也可以將白蘿蔔切成半圓形薄片後染色，疊排成一長列再捲起成玫瑰花型。另外，在香菇表面刻劃紋路，也是很適合用來製造亮點的好幫手喔。

蘋果是最常見的水果雕刻食材，在表皮上兩方向刻劃平行線，交錯將皮剝除成方形或菱形格子狀，或是以斜刀刻出直條紋、用小花壓模壓出花型，浸泡鹽水約30秒拭乾。奇異果則可以用山形水果刀創造出鋸齒形狀。

5 種巧思讓便當華麗轉身

做出一份別出心裁的便當所帶來的成就感，往往遠超過口腹的飽足感，
甚至能讓晨間的廚房歲月充滿輕快的旋律。

撇開造型便當的費工，其實一般便當的製作，並不需要繁鎖的步驟，但只要多一點點的講究，從食材備料到擺盤，花點額外心思處理藏在細節裡的魔鬼，就能進擊為色與味的絕妙饗宴，為便當注入新靈魂。

巧思1 捲或塞，創造層次感

首先對於食材層次的講究，肉片不只能拿來炒肉片，試試將蘆筍、豆芽菜、玉米筍、秋葵、三色椒或四季豆等蔬菜「捲」進調味過的肉片中，或是捲入起司片和海苔，再小火微煎或裹粉氣炸，不只料理多一份口感，更增添色彩和視覺豐富度。使用不同食材層次創造變化的作法還有「塞」，香菇塞肉、三色椒塞肉、烤起司番茄塞肉或雞翅塞糯米等，都是豐富視覺和味覺層次的便當菜色。

巧思 2
食材形狀決定主視覺

善用食材形狀作為便當主視覺也是常用的技法。譬如食材切碎末，用絞肉料理、蛋鬆、四季豆切末所組成的日式三色丼就是其一；或將所有食材切絲，蛋皮、火腿、蟹肉棒、雞肉、菠菜、彩椒等，整齊圍繞圓形便當的圓心擺盤、或等寬平鋪在長型便當盒內，利用顏色的多樣性即能呈現彩虹的視覺效果。片狀食材如鰻魚片、牛肉片或豬肉薄片，與蛋皮如井字交錯整齊平鋪在白飯上，上面再以香草碎、乾辣椒絲或蔥絲點綴，同樣能瞬間翻轉便當風情。

巧思 3
用刀法做變化

利用刀工在食材身上做變化也能創新視覺效果，例如，櫛瓜或根莖類蔬菜以間隔削皮，再切厚片便能產生雙色紋路；鑫鑫腸尾端劃十字後油煎，加上眼睛嘴巴展現小章魚的模樣；細香腸背部劃刀不切斷，兩端串起來再煎，就是小花圈，若改以斜紋交錯切，又是不同的風格。若主菜為圓柱狀的料理，用刀子以「斜切」後展示出切面，譬如內餡有起司或海苔的肉捲，斜切看起來就顯格外美味。

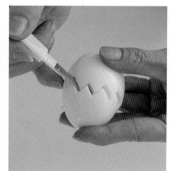

巧思 4
立起來擺或串起來放

擺盤時創造立體感，也能大幅提升便當的吸睛度，訣竅是將食材斜擺或立起來裝入便當盒。像肉片捲秋葵烹調後，切成便當盒的深度後立起來擺，就能看見立體的星星；五條

四季豆平鋪在肉片上，上面再放上一條小玉米筍，捲起來後油煎再切開，立起來擺就變身為聖誕花圈，上述有內餡的肉捲特別適合這種方式。

另外，利用串籤將食材串起來也能產生視覺焦點，主菜與不同顏色的蔬菜做成串燒，再斜襬入便當盒，或是將水煮毛豆從豆莢內取出，調味後用可愛造型的串籤串起來，平凡的食材華麗轉身就靠這個小動作，質感立刻升級。

巧思 5 ⟩ **多一道工，為便當注入靈魂**

多一道簡單的擺盤工序，2分鐘的美感投資報酬率常令人驚嘆，譬如將甜豆莢撥開，亮出在半個豆莢上的甜豆，美感秒生！或擺盤時用蔬菜做配角襯托主食，如白色蓮藕片或青檸片與肉類料理交錯擺放，簡單的變化卻能巧妙凸顯主食的美味。看起來平淡無奇的漢堡肉，用起司片切絲交疊後進烤箱或氣炸2分鐘，產生格紋狀，或是擠上一個大圓點的烤肉醬再撒上少許芝麻，或是炸物上擠上美乃滋後，再以少許巴西里碎妝點，多一道工不僅讓普通的料理產生表情，更讓便當有了生命力，暖胃又暖心。

為料理添加生命力的小配角
造型便當實用技巧與小物推薦

製作造型便當是相當有趣的生命經驗，當妳帶著靈感上菜市場，
或是在超市內隨意尋找造型靈感，感覺上身心靈都被賦予某種特殊使命般，不但療癒還會做上癮。

看別人做造型總會感到非常困難，若自己動手嘗試，或許會驚覺沒有想像中的那麼難。

造型便當基本道具

小砧板、小剪刀、小夾子和造型刀：這四樣工具是造型便當的基本道具，因製作過程會利用海苔或起司片來處理如五官等細節，善用這四樣工具會讓製作過程更順暢。

一定要擁有：用來黏貼五官、使用順手的造型夾子。

造型叉或造型裝飾小物：如果早上起床沒有太多的時間精雕細琢造型，又想讓便當有變化，造型叉能迅速為食材注入靈魂，為便當造型加分。主題造型的叉子和葉片叉子，還有能將食材串起的造型長叉，都很推薦收藏。

一定要擁有：能巧妙賦予蔬果新生命的葉片造型叉。

造型和飯糰壓模：善用品質好的海苔壓模，就不用再為手拙剪不出五官而傷腦筋，只需要二至三個基本表情壓模，排列組合就能變化出各種生動的表情。另外，點心烘培使用的造型壓模也很實用，除了海苔和起司片外，只要能壓出形狀的蔬果，也都可以利用如水滴、楓葉、愛心、花朵等造型壓模做變化。

市面上飯糰壓模玲琅滿目，圓形、長方形或三角形都

有，使用飯糰壓模既衛生又省事，請依照自己常用的便當和尺寸和造型風格，選擇合適的壓模大小和形狀。

一定要擁有：能輕易創造出生動表情的海苔壓模。

吸管、牙籤和牙線棒：各種尺寸的吸管可拿來替代圓形壓模，按押能產生心形，用剪刀斜剪產生橢圓形，縱向對切則是彎月型，便於細部作業且價格低廉容易入手。牙籤和牙線棒末端除了能在食材上畫出痕跡，也能輕易切割起司形狀，或是輕鬆將造型海苔貼在起司片上做組裝。

一定要擁有：從各處搜集來的不同尺寸吸管。

保鮮膜和上色用筆刷：這兩樣是製作造型便當主角—飯糰時不能缺少的兩樣工具，利用保鮮膜捏飯糰既方便又衛生。利用醬油上色的技巧，從過去運用在飯上，到現在更多用於馬鈴薯泥的造型上，只要控制醬料使用量即可創造不同深淺的染色效果。而筆刷只要事先清洗乾淨，可用一般畫圖筆刷取代食物刷，方便處理更精密的細節。

一定要擁有：寬約20cm的小尺寸保鮮膜。

▨ **天然染色食材一覽表**

- **天然偏白色主食：**白飯、馬鈴薯泥、粉絲
- **紅色：**番茄醬
- **膚色：**鮭魚香鬆
- **咖啡色：**醬油
- **黑色：**黑芝麻粉
- **黃色：**薑黃粉
- **綠色：**海苔粉
- **桃紅色：**火龍果汁、甜菜根汁、紫蘇水加檸檬
- **紫紅色：**水煮紫甘藍、紅鳳菜汁

[造型便當實用基本功]

練功 1

提前
構思主題

相較於原型便當，造型便當更需要提前規劃內容物的安排，從「主題」著手，先決定便當的主要題材或造型人物，再決定利用哪些食材和色彩呈現風格主軸，訣竅是簡單畫個設計圖，搭配便當盒的形狀去思考菜色配置，就算畫的不專業，只要自己能意會，就能縮短造型便當的製作時程。

練功 2

從飯糰變化
著手進行

造型便當的主角莫過於主食飯糰，以保鮮膜包覆白飯，從保鮮膜四角往中間集中收起，用例收緊併旋轉，在掌心滾出圓形，鬆開保鮮膜後再繼續從各圓角度輕壓、翻面整形。基本上只要能捏出圓形飯糰，就能繼續捏出其他變化型，通常先捏出不同形狀的部位，再用義大利麵連結飯糰或食材做出主題。

進一步的創意除了利用壽司卷或豆皮包飯做變化之外，現正當紅的食物藝術則是用薯泥做出各種造型，方法是先在白紙上先勾勒主題形狀，平鋪一層保鮮膜後，將已經捏出初步形體的薯泥置於保鮮膜上，用湯匙輕壓整形至與構圖吻合，做出可愛的造型主角。

練功 3

善用易做造型的食材

在日式造型便當中不斷重複出現的食材莫過於起司片、火腿片、各式魚板、海苔、蛋皮、海苔、蟹肉棒和鑫鑫腸,然而在台式造型便當中卻出現越來越多有趣的原型食材變化,譬如做成孔雀尾巴的青江菜、做成波浪捲髮的山蘇、香菇塞肉做成的帽子,蘿蔔片製作的和服,或是冬粉呈現的海浪和麵線製成的頭髮等等,利用擺盤技巧破除造型框架,也能用創意巧思讓每樣食材變身為獨特造型。

練功 4

掌握染色技巧

用天然食材幫主食染色,是造型便當必學的技巧之一,在追求健康飲食的前提下,避免使用食用色素,建議用各種天然食材本身的顏色作為替代染料,做出變化同時兼顧營養(請參照 P.45)。近年來便當高手的創意也不斷推陳出新,主食的染色應用也從單純的飯糰進步到馬鈴薯泥或粉絲,無論是何種主食,別忘了要小份量地將染色粉或染色食材輕輕拌入,逐步調整、加重混和比例,才能成功掌控色彩深淺。

如果真的不想花腦筋染色,直接選購市面上用純天然蔬果元素製作的五色彩米,也能輕鬆創造便當色彩,讓造型質感加分。在本書後半部的造型食譜中,就能學到各種不同食材的染色技巧喔。

準備海苔配件有時得花上比捏飯糰更多的時間，一般常用的五官表情，其實可以事先用壓模壓到保鮮容器中保存，但記得與乾燥劑一起密封，避免海苔受潮軟化。事先用壓模壓出造型蔬菜、蛋皮或火腿片，片狀食材造型也可置於保鮮膜夾層再冷藏保存，玉子燒或蔬菜雕刻後則可以冷凍保存。冷藏蔬菜盡量在 3 日內食用完畢，以確保新鮮度。

事先製作裝飾或常備食材

另外，常備用來串接不同食材的處理過的義大利麵條，例如，用來串連耳朵與頭部、連結小動物身體不同部位或是製作昆蟲的觸角、植物的花朵與花莖，都非常方便，因此可事先將乾麵條折成小段，炸過或烤過後放置保鮮盒冷藏備用。

造型便當除了利用主食形狀作為創作基礎，還有其他進階的方式，譬如用「食材做塊狀構圖」，魯絞肉做頭髮，蛋鬆做臉，上面再用海苔番茄醬做五官的呈現方式；或是用「海苔雕刻」，作法是先在描圖紙上描繪出輪廓，用釘書針將其釘於海苔片上用，再用美工刀刻出浮雕效果後，平鋪在白飯上做造型。

練功 6

發揮美術天分的其他技巧

難度更高的還有「糯米紙畫」，用細頭水彩筆沾竹炭水，在食用糯米紙上畫出卡通造型，再用食用色素或天然食材上色後，最後同樣鋪在白飯上。以上需要用筆作畫的便當造型方式，很適合有美術基礎的便當手發揮，不過如果不會畫圖也沒關係，只要先從網路上列印圖案，再複製描繪輪廓到描圖紙或糯米紙上即可喔。

Part

3

做便當的初心

12 個初心故事

·······························

V.S.

··········

12 週便當食譜

·······························

Grace Wu
外商主管的媽媽便當

在與便當同好的討論中，常常會出現一個辯論：「做便當前是不是該先學做菜？」為了做便當才開始下廚的Grace給了答案：「邊做邊學，沒什麼不可以！」

Grace是位標準的職業婦女，在職場表現出色，一路從基層爬到中高階主管，是帶領業務團隊四處征戰的業務領導人。讀著Grace的便當日誌，絕對想像不到她在做便當前完全不擅烹飪，孩子出生後一直都是由婆婆煮晚餐，她下班回到家陪伴小孩寫作業，週末做烘焙享受家庭時光，但對「煮食」這件事，毫無頭緒。她

回憶，「當時連青菜煮熟了沒，都不知怎麼分辨。」

5年多前，當時就讀小一的兒子一句：「媽咪，我中午想帶便當！」開啟了她每天5點起床下廚的晨煮歲月。非常目標導向的Grace，剛開始給自己設定「做滿30個便當」的目標，心裡打著只要重複這30個便當菜色就可以交差的如意算盤。然而事與願違，「滿滿的挫折感，」Grace回想撞牆期的辛酸史，每天看著兒子帶回的沉重便當盒，心底也跟著沉甸甸，還差點賭氣跟兒子說：「算了，還是吃學校的營養午餐吧！」

幸好Grace並沒有輕言放棄，職婦把職場上的韌性帶進廚房，發揮自學精神，開始認真研究各式食譜，瀏覽烹飪網站並勤做筆記，上下班來回各1小時的通勤路程，都在研究思考如何煮便當菜，連日劇裡看到的菜色也不放過。

親子間甚至開始用便當紙條傳情：媽媽早上會將鼓勵孩子的小紙條放在便當袋內，孩子晚上則會將吃便當的心得寫給媽媽。就這樣花了整整2年，才慢慢抓到孩子喜歡的菜色和口味。現在幫兄妹兩人準備便當已得心應手的Grace，常常與其他同事分享做便當的心得：「只要開始練習，廚藝絕對是可以持續累積的。」

先求有，再求好，為了孩子們喜出望外的表情，Grace也開始嘗試造型便當。她想起自己為了第一個造型便當而失眠的經驗，笑說自己整夜腦海不斷預演做便當的步驟，「比去跟客戶提案簡報還緊張」。回憶種種因為便當而與孩子產生的甜蜜互動，做便當這件事，讓她的職婦人生起了巨大變化，不只在忙碌的工作日常也能照顧到孩子，生活的豐富度和多樣性也因此大幅提升，人生幸福度up up！！

便當 1

日式三色丼

主菜：
▪ 味噌醬燒肉末

副菜：
▪ 牛奶雞蛋鬆
▪ 鹽燙荷蘭豆
▪ 香料炒蘑菇

COOKING POINT

▒ 製作這個便當時，建議順序如下，讓整個過程更快速！
（做完一個步驟就打個 ✓ 吧！）

☐ 開火煮汆燙荷蘭豆所需的熱水。

☐ 等待的同時，開始製作牛奶雞蛋鬆。

☐ 完成上個步驟後，用廚紙稍微擦拭鍋面。

☐ 原鍋再繼續炒味噌醬燒肉末。

☐ 將荷蘭豆放入加了鹽的熱水汆燙，再浸泡冷開水。

味噌醬燒肉末

| 保存方式 · 時間 |
建議放涼後裝盒，半天內食畢（夏季須再加小冰寶）

【材料（2人份）】

粗梅花絞肉 … 300g
蒜末 … 2 瓣份

▨ 調味料

味噌 … 1 大匙
醬油 … 1 大匙
味霖 … 1 大匙
糖 … 1.5 大匙
清酒 … 1 1/2 大匙
水 … 1 大匙
薑泥 … 1 大匙
胡麻油 … 1 大匙

【作法】

1　將除了胡麻油的調味料材料倒入容器中拌勻，備用。

TIP

味噌醬燒肉末的調味料，除胡麻油以外，其他可事先拌勻後冷藏靜置至少 30 分鐘以上，讓味道更融合。

2　起鍋加入適量油（份量外），中火熱鍋後倒入所有絞肉，快速用鍋鏟將絞肉攤平於整個鍋面。

3　絞肉接觸鍋面的部分反白後加入蒜末，持續翻炒讓絞肉鬆散成碎肉狀，至八分熟但略帶紅色未熟狀態。

4　倒入步驟1的調味料，快速翻炒至肉末收汁，再加入胡麻油拌勻，轉大火待醬汁再次收汁變稠即可熄火。

5　步驟4的熟肉末倒入濾網中，把湯汁濾掉。

牛奶雞蛋鬆

【材料（2 人份）】

雞蛋 … 2 顆

▨ 調味料

牛奶 … 2 大匙

鹽 … 1 小匙

白胡椒粉 … 適量

|保存方式 · 時間│建議常溫保存，當天食畢

【作法】

1 取一容器打入雞蛋，並加入牛奶、鹽、胡椒粉後拌勻，備用。

2 鍋中加入適量油（份量外），中小火加熱至油呈漣漪狀還沒冒煙的微熱狀態。

3 倒入蛋液，等蛋緣開始凝結，開始用4根筷子不斷畫圈，將逐漸凝固的蛋液攪拌成碎末狀，至水分完全蒸發即可。

TIP

可同時汆燙紅蘿蔔刻花點綴，關於紅蘿蔔雕花請參閱本食譜 P.40

鹽燙荷蘭豆

【材料（2 人份）】

荷蘭豆 … 20 條

▨ 調味料

鹽 … 適量

|保存方式 · 時間│建議常溫保存，當天食畢

【作法】

1 荷蘭豆洗淨去粗絲，切成約3小段備用。

2 起鍋煮滾水後加入鹽，倒入步驟 1 的荷蘭豆，煮約90秒，撈起後放入冷開水中浸泡定色約15秒。

3 將步驟 2 的荷蘭豆倒入濾網，瀝乾水分即可。

香料炒蘑菇

| 保存方式・時間 | 建議常溫保存，當天食畢

【材料（2 人份）】

蘑菇 … 10 朵

〰 調味料

鹽 … 1 小匙
黑胡椒粉 … 適量
義大利香料 … 適量

【作法】

1 蘑菇洗淨後，用沾濕的廚紙把蘑菇表面髒汙大略擦掉，菌柄切除後十字刀切成4小塊。

2 冷鍋不開火，鋪平蘑菇，開中火加熱直至蘑菇出水。

3 倒入適量油（份量外），開始翻炒蘑菇，過程中避免過度翻炒，只要讓蘑菇表面均勻裹上油脂，再依序加入鹽、黑胡椒粉、義大利香料拌炒至熟即可。

TIP ——

最後關火前，可加入幾滴巴薩米克醋快速拌炒，味道更下飯喔！

原型便當・Grace Wu

〰 **三色丼的配色食材可自由選擇**

日式三色丼的配色食材可以由大家自由發揮創意，例如，綠色改用秋葵或四季豆，肉類可以使用紅色的鮭魚鬆，黃色可選擇甜椒或玉米來取代，甚至利用顏色的視覺效果也可做到五色丼，讓便當更繽紛更營養，例如增加咖啡色和白色菇類，就是非常營養又幫助下飯的好選擇。

竹筍燒雞便當

▨ 一鍋到底便當菜的營養好選擇！

這道竹筍燒雞有肉有蔬菜，不但營養多元、顏色豐富，而且幾乎一鍋到底，是一道讓媽媽們輕鬆上手的好選擇。

竹筍燒雞

| 保存方式・時間 |
建議放涼後裝盒，半天內食畢（夏季須再加小冰寶）

【材料（2 人份）】

雞腿肉 … 200g
乾香菇 … 4-5 朵
竹筍 … 1 小支
紅蘿蔔 … 1/4 條
黑木耳 … 1 片
荷蘭豆 … 10 條
蒜頭 … 2-3 瓣
薑片 … 4 片

▨ 調味料

砂糖 … 1 大匙
醬油 … 2 大匙
米酒 … 1 大匙
香菇水 … 1 碗

TIP

不要讓整鍋煮到大滾，雞肉容易變柴喔！若覺得湯汁味道不夠鹹，建議多加 0.5-1 大匙的醬油膏。

【作法】

1 雞腿肉切適口小塊；竹筍、紅蘿蔔、黑木耳去外皮或去黏液，洗淨後切成塊狀或片狀；荷蘭豆洗淨去粗絲切3小段；蒜頭拍碎去皮；乾香菇洗淨泡水變軟後切小塊，備用。

2 冷鍋冷油（份量外）放入蒜頭和薑片，中小火煎至金黃色，撈起備用。

3 原鍋放入雞腿肉塊，轉中火帶皮面煎至金黃，再翻面煎至七分熟，起鍋備用。

4 原鍋依序放入步驟1的香菇、竹筍、紅蘿蔔、黑木耳翻炒至飄出香味。

5 放入步驟2和3的所有食材，再加入砂糖繼續拌炒至砂糖融化。

6 在步驟5中加入醬油，與食材拌勻並燒出醬色後，倒入米酒和香菇水至淹蓋食材。

7 持續中火煮至湯汁快滾時，轉小火不蓋鍋蓋燉煮約20分鐘。

8 另起鍋汆燙荷蘭豆，等步驟7的燒雞燉煮完成後，加入荷蘭豆即可。

原型便當・Grace Wu

酥炸肉排便當

主菜：
- 酥炸肉排

副菜：
- 蔥花煎蛋
- 胡麻香紅蘿蔔絲
- 菇菇蒜炒高麗菜

酥炸肉排

| 保存方式・時間 |
建議常溫保存，半天食畢（夏季須再加小冰寶）

【材料（2人份）】

梅花豬肉排 … 4 片
蒜泥 … 1 大匙
薑泥 … 1 大匙
雞蛋 … 1 顆
木薯粉 … 3/4 杯
水 … 約 50c.c.
耐熱油 … 鍋深 1cm 深

▧ 調味料

醬油 … 2 大匙
米酒 … 4 大匙
蜂蜜 … 2 大匙
白胡椒粉、
五香粉 … 適量

【作法】

1　蒜泥、薑泥和所有調味料拌勻備用。梅花豬肉排拍薄、斷筋後浸泡在步驟 **1** 內，蓋上保鮮膜或盒蓋冷藏2小時以上，油炸前從冰箱取出肉排回溫10-15分鐘。

2　雞蛋與木薯粉混和均勻，一邊攪拌一邊緩緩倒入水調製成稍微黏稠的麵糊，再將回溫後的豬肉排均勻裹上麵糊。

TIP
肉排裹上麵糊後，天氣熱時可再放回冰箱冷藏5-10分鐘，幫助麵糊更加黏附在肉排上。

3　冷鍋倒入深度約1cm的耐熱油，中火加熱至150℃，放入肉排炸至兩面金黃後撈起，置於廚房紙巾上吸油即可。

1

2-a

2-b

3

▨ 建議使用 16-18cm 白琺瑯鑄鐵鍋油炸，油量使用較少且油溫較穩定。若沒有溫度計，可用料理筷輕觸油面，筷子周圍產生許多小泡泡即代表油溫到了，食材可以下鍋油炸。若喜歡更酥脆的口感，可於步驟 4 完成後，轉中大火將油鍋多加熱約 10 秒，再放入肉排回炸 10 秒取出。

▨ 酥炸肉排早上現做放到中午的口感依舊軟嫩，搭配鹹香的蔥花蛋和清爽的蔬菜，很受我們家孩子的喜愛呢！

副菜

蔥花煎蛋

【材料（2 人份）】

雞蛋 ⋯ 3 顆　　　▨ 調味料
牛奶 ⋯ 2 大匙　　鹽 ⋯ 1 小匙
蔥花 ⋯ 適量　　　白胡椒粉 ⋯ 適量

【作法】

1 所有材料與調味料拌勻。

2 在玉子燒鍋內塗抹一層薄薄的油（份量外），開中小火加熱至鍋子微熱。

3 倒入蛋液均勻平鋪於鍋面上，當表面開始凝固，即可將蛋捲起，約捲3-5折，煎至四面微焦上色即可。

TIP

平鋪於鍋面的蛋液不要太厚，3 顆蛋液量約可做 2 卷。也可一次將蛋液倒入，當表面開始凝固時將煎蛋對折，即是厚蛋燒。

| 保存方式・時間 | 建議常溫保存，半天食畢（夏季須再加小冰寶）

胡麻香紅蘿蔔絲

【材料（2 人份）】

紅蘿蔔 … 1/3 條
白芝麻 … 適量

▧ 調味料
鹽 … 1 小匙
糖 … 1 小匙
清酒（或米酒）… 1 大匙
胡麻油 … 1/2 大匙

【作法】

1 紅蘿蔔洗淨去皮切成粗絲。

2 冷鍋倒入少許油（份量外），開中火加熱至微熱後，倒入步驟 1 的紅蘿蔔絲，並撒上鹽拌炒。

3 依序加入糖和清酒，翻炒至收汁。熄火倒入胡麻油和白芝麻拌勻即可。

| 保存方式·時間 | 建議常溫保存，半天食畢（夏季須再加小冰寶）

原型便當 · Grace Wu

副菜 # 菇菇蒜炒高麗菜

| 保存方式·時間 | 建議常溫保存，半天食畢（夏季須再加小冰寶）

【材料（2 人份）】

高麗菜 … 1/4 顆
鴻喜菇 … 1/2 盒
蒜頭 … 1 顆

【作法】

1 高麗菜用手撕或用刀切片洗淨後，浸泡於清水中，另外將鴻喜菇剝開，蒜頭拍碎備用。

2 冷鍋放入鴻喜菇，開中火加熱乾煸約2分鐘。

3 倒入適量的油，加入蒜頭與稍微瀝乾水的高麗菜拌炒，讓鍋內食材充分裹上油脂，蓋上鍋蓋，悶煮約1-2分鐘。

4 打開鍋蓋，均勻撒入鹽調味即可。

便當 4

日式炸蝦便當

主菜：
• 日式炸蝦

副菜：
• 小巧海苔玉子燒
• 開胃淺漬小黃瓜

日式炸蝦

| 保存方式・時間 |
建議常溫保存，半天食畢（夏季須再加小冰寶）

【材料（2人份）】

明蝦 … 4 隻
雞蛋 … 1 顆
低筋麵粉 … 100g
麵包粉 … 1 碗

▧ 調味料
鹽 … 1 小匙
米酒 … 1 大匙
太白粉 … 1 大匙
冰水 … 約 150c.c.

【作法】

1 明蝦洗淨後去頭去殼，留尾段，去腸泥，用刀背將尾巴刮數刀。

   TIP
   尾巴刮數刀主要是為了去除水分，避免入鍋油炸時油爆。

2 在明蝦腹部切四刀（不切斷蝦身），手輕壓蝦背數下，幫助油炸時蝦子不捲縮。

1-a

1-b

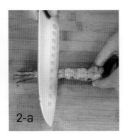

2-a

2-b

  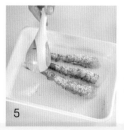 

3　取一容器依序放入米酒、太白粉、明蝦，輕輕抓
　　醃後用清水洗淨，並用廚房紙巾擦乾，備用。

4　雞蛋打散，一邊倒入冰水一邊拌勻，加入鹽和過
　　篩後的低筋麵粉，用料理筷輕輕拌勻，避免過度
　　攪打，即為麵衣。

TIP ─────────────────
調製麵衣用的冰水其中 50c.c. 可用啤酒取代，幫助
增加炸蝦的酥脆口感。

5　步驟 2 的明蝦撒上一層薄薄的低筋麵粉（份量
　　外），輕拍掉多餘的粉後，裹上調製好的麵衣，
　　再沾滿麵包粉，靜置備用。

6　熱油鍋至170-180℃，放入明蝦炸至表面金黃
　　後，置於廚房紙巾上吸油即可。

COOKING POINT

若喜歡厚麵衣，可在完成步驟 5 後，
再重新裹一層麵衣和麵包粉，增加麵
衣厚度。

小巧海苔玉子燒

| 保存方式·時間 | 建議常溫保存，半天食畢（夏季須再加小冰寶）

【材料（2人份）】

雞蛋 ··· 2 顆
海苔 ··· 1 片

※ 調味料
鰹魚調味粉 ··· 1 小匙
糖 ··· 2 小匙
水 ··· 1 大匙

【作法】

1 取一容器打散雞蛋，與所有調味料拌勻。

2 在玉子燒鍋內塗抹一層薄薄的油（份量外），開中小火加熱至鍋子微熱。

3 倒入少許蛋液均勻平鋪於鍋面上，當表面開始凝固，由上往下，向前慢慢捲起約3-5折，將蛋捲往前推。

4 繼續在玉子燒鍋沒有蛋捲處塗抹一層薄薄的油（份量外），倒入少許蛋液，重覆步驟 2、3，直到所有蛋液使用完畢。

5 利用壽司捲簾把步驟 4 的玉子燒塑型呈三角形，再貼上海苔片即可。

原型便當·Grace Wu

開胃淺漬小黃瓜

\ 保存方式·時間 | 建議冷藏保存，1週內食畢 /

【材料（2人份）】

小黃瓜 ··· 1 條

※ 調味料
鹽 ··· 1 小匙
糖 ··· 2 大匙
米醋或蘋果醋 ··· 1 大匙

【作法】

1 小黃瓜洗淨擦乾後切薄片，加入所有調味料拌勻，冷藏2小時即可。

TIP

小黃瓜可以用青花菜、蘆筍等任何適合醋漬的蔬菜替代，也很營養美味。

大阪蜜汁燒肉便當

主菜：
- 大阪蜜汁燒肉

副菜：
- 筊白筍煎蔥蛋
- 蝦仁炒三色青蔬

大阪蜜汁燒肉

| 保存方式 · 時間 |
建議常溫保存，半天食畢（夏季須再加小冰寶）

原型便當 · Grace Wu

【材料（2 人份）】

梅花豬肉 … 200g
木薯粉 … 1 大匙
片栗粉 … 2 小匙
白芝麻粒 … 適量

※ 調味料

醬油 … 1 大匙
糖 … 1 小匙
水 … 1 大匙
胡麻油 … 1 大匙
耐熱油 … 約深鍋 1cm 份量

※ 醬料

蜜汁烤肉醬 … 1 大匙
熱開水 … 1 大匙
糖 … 1 小匙

【作法】

1 梅花豬肉切成適口大小的塊狀。

2 取一容器放入步驟 **1** 的梅花豬肉，並依序加入醬油、糖和水，用筷子畫圈的方式攪拌至肉塊充分吸收調味料，再倒入胡麻油拌勻，最後放入木薯粉和片栗粉抓醃後，靜置備用。

TIP

片栗粉幫助鎖住肉汁，木薯粉幫助外表酥脆。可依據喜歡的口感調整這兩種粉的比例。

3 冷鍋倒入約深度約1cm的耐熱油，開中火加熱至150℃，放入步驟 **2** 的梅花豬肉炸至外皮金黃，撈起置於廚房紙巾上吸油。

1　　　2　　　3-a　　　3-b

4 蜜汁烤肉醬、熱開水和糖混和調勻。撈出步驟 **3** 原鍋油中的浮沫，鍋內保留 1-2 大匙的油量，開中小火倒入調勻的醬料，燒煮至冒小泡。

5 在步驟 **4** 中放入步驟 **3** 的梅花豬肉並充分裹上醬汁。

6 最後轉中大火稍微收汁後，撒上白芝麻即可。

4-a

4-b

5

6

副菜 **筊白筍煎蔥蛋**

【材料（2 人份）】

雞蛋 … 3 顆

筊白筍 … 1 條

蔥末 … 適量

※ 調味料

鹽 … 1 小匙

水 … 1 大匙

白胡椒粉 … 適量

｜保存方式・時間｜建議常溫保存，半天食畢（夏季須再加小冰寶）

【作法】

1 取一容器打入雞蛋，加入鹽和水拌勻；筊白筍切細絲，備用。

2 熱油鍋放入步驟 **1** 的筊白筍絲翻炒，加蔥末繼續拌炒至飄出蔥香味。

3 倒入步驟 **1** 的蛋液，等表面開始凝固後撒上白胡椒粉，並翻面煎至兩面焦香即可。

蝦仁炒三色青蔬

【材料（2 人份）】

蝦仁 … 4 隻
青花菜 … 數朵
紅黃椒 … 適量

◎ 調味料

米酒 … 1 大匙
水 … 1 大匙
鹽 … 1 小匙
黑胡椒粉 … 適量

【作法】

1 蝦仁洗淨擦乾；青花菜洗淨去梗皮切適口小
　朵；紅黃椒洗淨去籽切粗絲，備用。

2 熱油鍋將蝦仁煎至底部上色，倒入青花菜並倒
　入米酒和水拌炒數下，覆上鍋蓋悶煎1分鐘。

　TIP ─────────────────
　米酒不但幫助蝦仁去腥，也有助於保持青花菜的
　顏色。

3 打開鍋蓋，加入步驟 1 的紅黃椒絲翻炒，並用
　鹽和黑胡椒粉調味即可。

◎ 高蛋白高纖低醣的好菜

這道配菜不但可以一次吃進三種顏色的蔬菜，還有來自蝦仁豐富的蛋
白質，是營養又簡單的好選擇！不想發胖或是減醣一族也很適合做來
當作主菜或配菜。

香煎鱸魚排便當

主菜：
- 香煎鱸魚排

副菜：
- 胡麻蘆筍海苔捲
- 蔥燒菇菇豆腐
- 雙色蛋皮

主菜

香煎鱸魚排

| 保存方式・時間 |
建議常溫保存，半天食畢（夏季須再加小冰寶）

【材料（2 人份）】

鱸魚排 … 1 片
低筋麵粉 … 1 大匙

▨ 調味料
米酒 … 1 大匙
海鹽 … 適量
黑胡椒粉 … 適量

【作法】

1 用廚房紙巾擦乾鱸魚排表面水分，淋上米酒去腥，兩面均塗抹海鹽與黑胡椒，醃漬10-15分鐘。

2 在步驟 **1** 的鱸魚兩面均勻撒上一層薄薄的麵粉。鍋內倒入適當的油（份量外），開中火充分熱油。

TIP ————————
可先用廚房紙巾再次稍微吸乾魚身上的水分，再撒上麵粉，不但可降低入鍋時產生油爆，也提高魚皮香煎後酥脆口感。

3 魚皮面朝下入鍋煎至金黃色。

4 翻面轉小火蓋鍋蓋，悶煎至熟即可。

TIP ————————
悶煎的時間會因魚排厚度而有所差異，通常 3-5 分鐘內可煎熟。

▨ **鱸魚的營養成分很適合所有人食用**
鱸魚排魚質白嫩清香，沒有很重的魚腥味，而且無刺讓孩子們可安心食用，是很好的魚類便當選擇！

胡麻蘆筍
海苔捲

【材料（2 人份）】

綠蘆筍 … 1 小把
海苔 … 1 片
冰水 … 適量
白芝麻 … 適量

▧ 調味料
鹽 … 1 小匙

▧ 醬料
胡麻醬 … 適量

|保存方式・時間|常溫半天食畢

【作法】

1 綠蘆筍洗淨後清除尾端粗皮，起鍋
煮滾水放入鹽和綠蘆筍汆燙約40
秒。撈出後立即放入冰水冰鎮，再
瀝乾，備用。

2 海苔片鋪上適量的步驟 1 的綠蘆筍
並撒上白芝麻後捲起，切成段狀即
可。

3 胡麻醬另裝容器，供食用蘆筍海苔
捲時沾取食用。

蔥燒菇菇豆腐

【材料（2 人份）】

香菇 … 2 朵
三角油豆腐 … 2 塊
蔥段 … 適量

▧ 調味料
醬油 … 1 1/2 大匙
糖 … 2 大匙
味霖 … 1 大匙
水 … 2 大匙

|保存方式・時間|建議常溫保存，半天食畢（夏季須再加小冰寶）

【作法】

1 香菇與油豆腐洗淨後切小塊狀，取一容器放入，並倒
入所有調味料拌勻，備用。

TIP

香菇可替換成其他菇類，例如：鴻喜菇或杏鮑菇。

2 熱油鍋煎香蔥段，倒入步驟 1 的香菇與油豆腐，煎至油豆腐表面上色。

3 加入步驟 1 泡料剩下的調味料續炒，待醬汁滾後，轉小火續滾5分鐘入味即可。

TIP

倒入調味料後，可鋪一張剪了數個小洞的烘焙紙鋪於食材上，幫助食材充分吸收醬汁。

（副菜） # 雙色蛋皮

【材料（1 人份）】

雞蛋 … 1 顆

◎ 調味料

鹽 … 1 小匙

水 … 2 小匙

【作法】

1 將蛋白和蛋黃分開，取出約2小匙的蛋白放置於另
一小碗，備用。剩餘的蛋白和蛋黃混和均勻，加入
鹽和水拌勻後，過篩備用。

2 玉子燒鍋抹上一層薄薄的油（份量外），開小火稍微
熱鍋後即倒入步驟1的蛋液，煎成黃色蛋皮。

3 暫時關火，用星星模型在步驟2隨意壓出2-3顆星
星，將黃色星星蛋皮取出不用。

4 玉子燒鍋放回爐上並開最小火，在黃色蛋皮星星鏤
空處倒入步驟1的蛋白，煎至熟即可。

TIP ───────

煎黃色蛋皮或白色星星
時，可待表面快凝固後，
關火蓋上鍋蓋將蛋皮悶
熟，避免蛋皮邊緣過焦。

1 　　　2 　　　3 　　　4

林思妤
溫度剛好的愛妻便當

「煮飯的精神就是在餐桌上填飽家人的肚子，打個飽嗝後有力氣再幹活下去，繼續面對生活的種種挑戰。」曾在書上看見這段話，而林思妤的愛妻便當，就是闡述著這樣樸實有力的愛意。

思妤和柏瑞夫妻倆原本一起務農，在宜蘭同心打拚「采紅番茄園」，2018年因接連大雨導致淹水，讓當年收成幾乎歸零，思妤趕緊找了份全職工作回鍋當起上班族，原先中午都能回家煮食好好吃飯的他們，只得各自打理午餐。然而，柏瑞卻常常因農忙而錯過吃飯時間，當他聽見肚子叫時，中午的便當店早就收攤休息了。

「都做到忘記吃飯，會捨不得啊！」儘管嘴裡說的是滿滿的濃情蜜意，思妤的語氣卻顯平穩，但因這個溫柔的念頭，她開始捲起袖子做便當。思妤說剛開始自

己沒有特別想什麼，擺盤啦副菜啦都沒有，就是「老公喜歡吃什麼，便當菜就煮什麼」，重點是，老公什麼時候想吃就可以吃，絕對不會再餓肚子。

聽來平凡，但思妤對食材的要求，卻有著和柏瑞對友善、無毒耕作的理念同樣的堅持。「一定要滿滿的菜，」思妤的便當裡沒有浮誇的造型，但一定有一道入味且開胃的優質蛋白質主菜，再搭配市場裡當季新鮮蔬菜所烹調的二至三道副菜，每個便當營養滿分。問她有什麼備餐關鍵？思妤不假思索地回答：「食材一定要全熟！」她給了一個實實在在的答案並接著說：「唉唷，不要為了漂亮，本來帶便當是要吃得健康，結果吃到肚子痛。」

思妤的便當做給老公也做給自己，後來又因拗不住同事們搭伙的請求，她也開始幫同事準備便當。「無油無負擔，吃完排便超順暢，」思妤分享同事第一次吃完便當後的評語，她驕傲地大笑起來：「這就是農家便當，不只要吃得飽，還要均衡飲食吃得巧，才能有的效果。」

拍攝照片當天，攝影棚裡思妤忙著做便當，老公柏瑞也沒閒著，還幫忙修理料理台下被菜阻塞的水管，兩人間的溫馨互動，連一旁的出版社主編都忍不住讚嘆：「這麼寵妻，能享用愛妻便當是剛剛好而已。」恰到好處的務實情感，互相疼惜，剛剛好。

韓式牛肉拌飯冷便當

主菜：
- 韓式牛肉拌飯

副菜：
- 炒青蔬

韓式牛肉拌飯

| 保存方式・時間 | 建議常溫保存，當日食畢

【材料（3 人份）】

牛肉片 … 250-300g
紅蘿蔔 … 半條
櫛瓜 … 1 條
黃豆芽 … 60g
大朵香菇 … 4 朵
洋蔥 … 半顆
甜椒 … 1 顆
菠菜 … 250g
雞蛋 … 3 顆
芝麻粒 … 些許（裝飾用）

◎ 調味料

鹽 … 1 小匙
韓國芝麻油 … 10 小匙
蒜末、米酒、醬油、
砂糖 … 適量

◎ 醬料

韓式辣椒醬 … 15g
（建議倒入小調味料容器、食
用前再加入）

原型便當・林思妤

【作法】

1 牛肉片用蒜末、米酒、醬油、砂糖抓醃，靜置
30分鐘，備用。

2 起油鍋將醃好的步驟 1 牛肉片入鍋拌炒。

3 待牛肉片全熟後起鍋，備用。

1-a

1-b

2

3

副菜

炒青蔬

【作法】

1 紅蘿蔔、櫛瓜、香菇、洋蔥、甜椒
　洗淨後切長條狀；菠菜洗淨後切約
　6-7cm長段備用。

2 起油鍋，分別清炒除菠菜以外的步
　驟 **1** 所有食材，炒熟後以鹽調味。

3 煮一鍋水，待水滾後先加入1小匙
　鹽，再放入步驟 **1** 中切段的菠菜，
　汆燙約30秒。

4 將步驟 **3** 的菠菜撈起，放入冷水降
　溫，並用手擰乾，盛盤後加入韓式
　芝麻油及鹽拌勻調味。

TIP ────────────────

汆燙蔬菜的水，水滾後先加入 1 小匙
鹽再放菜，可以讓蔬菜顏色定色且不易
變黃。菠菜必須用手擰乾，再置入便當
盒，這樣白飯才不會濕，也可以避免便
當變質。

原型便當‧林思妤

Cooking Point

▨ 準備這個便當時，可以煎 1 顆荷包蛋，荷包蛋請務必煎熟，不熟的
食品容易產生菌。所有食材皆須要分開炒，不要偷懶混和一起炒，每
種食材烹調時間不一樣。

▨ 將白飯放入便當盒後，依序放入炒好的蔬菜及牛肉，放入荷包蛋裝
飾。最後將芝麻油利用繞圈方式快速淋上，撒上芝麻粒裝飾，待食用
前加入韓式辣椒醬即可。

79

便當 8

焗烤義式番茄
鑲肉便當

主菜：
▪ 焗烤義式番茄鑲肉

副菜：
▪ 鮪魚筆管麵沙拉
▪ 汆燙花椰菜

> 主菜

焗烤義式番茄鑲肉

| 保存方式・時間 | 建議冷藏保存 1 天，食用前烤箱加熱

【材料（4 人份）】

豬絞肉 … 250g
優美大番茄 … 4 顆
洋蔥 … 半顆
蒜頭 … 2 瓣
披薩起司 … 適量

※ 調味料

番茄醬、鹽、黑胡椒粉、義大利綜合香料 … 適量

【作法】

1 優美大番茄洗淨後靠近蒂頭處平切下來，備用。

2 利用湯匙將番茄果肉挖出，放置空碗中備用。

3 熱鍋將豬絞肉下鍋炒出油脂，放入去皮切末的蒜頭。

原型便當・林思妤

1

2

81

4 加入步驟 2 的番茄果肉，以及所有調味料拌炒後盛起放涼。

5 步驟 4 的番茄肉取出，用湯匙舀起剛剛炒好的絞肉塞入步驟 1 的空番茄盅。

6 在步驟 5 的番茄盅上鋪一層披薩起司。

7 烤箱200℃預熱10分鐘，再將步驟 6 的番茄盅放入烤箱烤8-10分鐘（視各家烤箱狀況調整時間），待起司融化上色後即可取出。

鮪魚筆管麵沙拉

【材料（4 人份）】

筆管麵 … 250g
水煮鮪魚罐頭 … 1 罐
小黃瓜 … 1 條
玉米粒 … 1/3 罐
紫洋蔥 … 半顆
豌豆苗 … 少許
檸檬 … 半顆

※ 調味料
橄欖油、美乃滋、鹽、
黑胡椒 … 適量

原型便當 · 林思妤

【作法】

1 煮一鍋滾水，煮熟筆管麵後放入冰水中冰鎮一會兒，
 撈出瀝乾後加入適量橄欖油拌勻後，備用。

2 瀝乾鮪魚罐頭內水分，鮪魚取出撥散。

3 小黃瓜洗淨擦乾後切片；紫洋蔥洗淨去皮後切絲泡冰水約30分鐘，備用。

4 另準備一個容器，放入步驟 1 - 3 處理過以及玉米粒。

5 在步驟 4 中加入適量美乃滋、鹽、黑胡椒，並擠半顆檸檬汁後拌勻。

6 將步驟 5 裝入便當盒後，用豌豆苗做最後裝飾即可。

汆燙青花菜

【材料（4 人份）】

青花菜 … 1 顆

※ 調味料
鹽 … 適量

【作法】

1 青花菜洗淨後去粗皮後切小朵。

2 煮一鍋滾水，加入適量鹽後，放入步驟
 1 的青花菜煮約30秒後撈起，放入冰水
 冰鎮後瀝乾，即可放入便當盒。

味噌鯖魚
便當

主菜：
▪ 味噌鯖魚煮

副菜：
▪ 玉子燒
▪ 薑炒木耳
▪ 薑炒蜜雪兒白菜

味噌鯖魚煮

| 保存方式・時間 | 建議冷凍保存 3-5 日

原型便當・林思妤

【材料（4 人份）】

鯖魚 … 4 片
薑片 … 1 小段
蔥 … 適量

※ 調味料
味噌 … 2 1/2 小匙
米酒 … 1 大匙
味醂 … 1 大匙
砂糖 … 1 大匙
醬油 … 1 小匙
開水 … 300 c.c.
鹽 … 適量

【作法】

1 取一容器，將味噌、米酒、味醂、砂糖、醬
　油、和開水拌勻，備用。

2 鯖魚洗淨後對切；薑片洗淨後切片，備用。

3 取一平底鍋倒入步驟 **1** 的醬料，並放入薑片。

4 將鯖魚魚皮朝下放入步驟 **3** 的鍋內，中火開始
燉煮。期間可以翻面1至2次，待湯汁收汁變
濃稠後即可關火。

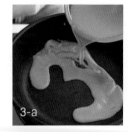

3-a

3-b

4

TIP ─────────────

翻面的次數不用多，主要讓魚肉均勻吸收湯汁即
可，期間如果覺得醬汁太甜，可以利用醬油及鹽
調味。

5 起鍋後，將蔥切細絲，放在鯖魚上方裝飾。

`副菜` # 玉子燒

【材料（4 人份）】

雞蛋 … 4 顆

▨ 調味料

鹽、砂糖 … 適量

| 保存方式・時間 | 建議常溫保存，當天食畢

【作法】

1 4顆雞蛋蛋黃與蛋白分開後，分別加入
鹽與砂糖後打散。

2 玉子燒鍋熱鍋後放油（份量外），油熱後
先放入蛋白液，均勻平鋪在玉子燒鍋後
待蛋液表面開始凝固，由上往下，向前
慢慢捲起約3-5折，將蛋捲往前推，直
到蛋白液使用完。

TIP ─────────────

熱油鍋後若不確定鍋內溫度，可用筷子沾
一點蛋液在玉子燒鍋上試油溫，看筷子上
的蛋液熟即可開始。

3 接續步驟 **2** 倒入蛋黃液，並照著步驟 **2**
將蛋白捲包入蛋黃液中慢慢捲至蛋液使
用完畢即可。

4 玉子燒放涼後即可切片裝盤。

【 副菜 】 **薑炒木耳**

【材料（4 人份）】

木耳 … 250g

薑 … 1 段

青蔥 … 少許

▧ 調味料

醬油膏、開水 … 適量

【作法】

1 木耳洗淨後切一口大小；薑段切絲，青蔥切段。

2 熱油鍋，放入薑絲爆香。

3 在步驟 2 中放入木耳拌炒，並加入適量醬油膏及開水。拌炒至入味後放入蔥段即可。

| 保存方式・時間 | 建議常溫保存，當天食畢

原型便當・林思妤

【 副菜 】 **薑炒蜜雪兒白菜**

【材料（4 人份）】

蜜雪兒白菜 … 1 顆

薑 … 1 段

紅蘿蔔 … 適量

▧ 調味料

鹽 … 適量

| 保存方式・時間 | 建議常溫保存，當天食畢

【作法】

1 將蜜雪兒白菜洗淨後切一口大小；薑段及紅蘿蔔洗淨切絲，備用。

2 熱油鍋後，爆香薑絲後放入紅蘿蔔絲拌炒。

3 在步驟 2 中放入蜜雪兒白菜段續炒後加入鹽調味即可。

便當 10

韓式炸雞便當

主菜：
- 韓式炸雞（甘醬）

副菜：
- 醋漬蓮藕
- XO 醬炒芥藍

韓式炸雞（甘醬）

| 保存方式・時間 | 建議常溫保存，當天食畢

【材料（4 人份）】

小雞腿 … 16 支
玉米粉 … 適量
芝麻粒、蔥絲 … 少許

◎ 醃料
鹽、黑胡椒 … 適量
牛奶 … 少許（亦可省去）

◎ 醬料
韓國芝麻油、蒜末、
醬油 … 3 大匙
砂糖 … 3 大匙
水 … 適量

【作法】

1 小雞腿用醃料抓醃後，靜置30分鐘。

2 取出醃製好的小雞腿，均勻裹上玉米粉，
再次靜置5分鐘。

原型便當・林思妤

1

2

3 取一只鍋子，中火熱油（份量外），待油熱後放入小雞腿油炸。炸熟取出小雞腿，將原油鍋火開至最大，再次放入先前剛炸好的小雞腿回炸1分鐘，逼油熗酥。

TIP ───────────────────────────────
可以放筷子下去測油溫，如果筷子旁起氣泡，代表油溫已經可以油炸。

4 另起鍋，熱鍋後倒入韓國芝麻油，加入蒜末爆香。

5 於步驟4加入水、砂糖（或是果糖）、醬油煮至沸騰後，放入步驟3的小雞腿略翻至小雞腿表面均勻沾裹醬料，即可起鍋。

6 撒上芝麻粒及蔥絲裝飾後即可裝入便當盒。

TIP ───────────────────────────────
使用玉米粉作為裹粉，炸雞放涼後還會帶有酥脆口感。

醋漬蓮藕

【材料（4 人份）】

蓮藕 ⋯ 1 段
辣椒 ⋯ 1 根

▨ 醬料

砂糖、白醋、水 ⋯ 1 杯量米杯（約 150g）
（比例為 1：1：1）（依個人口味調整）

【作法】

1 取一鍋子倒入所有調味料，小火煮沸後放
　涼，備用。

2 蓮藕洗淨削皮後切厚度約0.5cm薄片。

　TIP ─────────────
　使蓮藕片可泡醋水 10 分鐘，避免氧化。

3 另起鍋子煮沸水，放入步驟 2 蓮藕片再次煮沸1分鐘，
　快速取出浸泡冰水後瀝乾。

4 將步驟 2 的蓮藕片與洗淨切段的辣椒放入玻璃瓶內，醬
　料倒入，封口放入冰箱冷藏1天即可食用。

｜保存方式・時間｜建議冷藏 5 天

原型便當・林思妤

副菜 XO 醬炒芥藍

【材料（4 人份）】

芥藍菜 ⋯ 1 把
蒜頭、XO 醬 ⋯ 適量

▨ 調味料

鹽 ⋯ 適量

【作法】

1 蒜頭洗淨去皮切末；芥藍菜洗淨後的菜、
　梗分開，分別切成適口大小，備用。

2 熱油鍋後，放入蒜末爆香。

3 放入芥藍梗先炒約1分鐘，再放入芥藍葉續
　炒，最後加入XO醬及鹽拌炒即可。

｜保存方式・時間｜建議常溫保存，當天食畢

便當 11

醬燒豬肉豆腐捲便當

主菜：
· 醬燒豬肉豆腐捲

副菜：
· 九層塔炒杏鮑菇
· 紅蘿蔔炒蛋
· 蒜拌蘿蔓

醬燒豬肉豆腐捲

| 保存方式‧時間 | 建議常溫保存，當天食畢

【材料（3 人份）】

板豆腐 … 1 塊
五花豬肉片 … 1 盒
芝麻粒、麵粉 … 適量

※ 調味料

米酒 … 1/2 大匙
醬油 … 1 大匙
味醂 … 1 大匙
砂糖 … 1/2 大匙
開水、鹽 … 適量

【作法】

1 板豆腐洗淨切適當大小塊狀後，用廚房紙巾吸乾水分。

2 五花豬肉片平舖後均勻撒上麵粉。

3 板豆腐放在五花豬肉片上向前捲起。

4 平底鍋開中火不需放油，直接放入步驟 3 的豬肉豆腐捲，利用五花肉產生的油脂煎熟，再加入調味料，轉中小火慢慢煨煮到豬肉豆腐捲上色後即可起鍋，撒上芝麻粒後盛盤。

原型便當‧林思妤

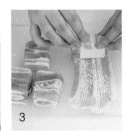
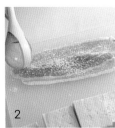

副菜 # 九層塔炒杏鮑菇

| 保存方式．時間 | 建議常溫保存，當天食畢

【材料（3人份）】

杏鮑菇 … 4-5 朵
蒜末、蔥末、辣椒末 … 適量
九層塔 … 依喜好添加

▨ 調味料
鹽、白胡椒粉 … 少許

【作法】

1 將杏鮑菇切成長條狀備用，九層塔洗淨瀝乾。

2 熱油鍋後將杏鮑菇先下去炒到逼出水分後鏟起備用。

3 鍋放油後加入蒜末、蔥末、辣椒末爆香後，放入步驟
  2 的杏鮑菇，加入適量鹽與白胡椒粉，起鍋前放入
  九層塔稍加拌炒即可。

副菜 # 紅蘿蔔炒蛋

【材料（3人份）】

紅蘿蔔 … 1/2 條
雞蛋 … 3 顆

▨ 調味料
鹽 … 少許

【作法】

1 紅蘿蔔洗淨去皮切絲；3顆雞蛋打
  散，備用。

2 平底鍋加熱後倒油，下鍋炒紅蘿蔔
  絲，撒上適量鹽。

3 待紅蘿蔔軟化後，將蛋液倒入，再
  加些許鹽調味，並用筷子將雞蛋與
  紅蘿蔔絲攪散炒熟即可。

| 保存方式．時間 | 建議常溫保存，當天食畢

蒜拌蘿蔓

|保存方式・時間|建議常溫保存，當天食畢

【材料（3 人份）】

蘿蔓 … 250g

蒜末 … 少許

◎ 調味料

韓式芝麻油、鹽 … 適量

【作法】

1 蘿蔓洗淨後切段，備用。

2 起鍋水煮滾後，將步驟 1 放入滾水煮30秒後撈起瀝乾，備用。

3 另取一乾鍋，放入適量蒜末與調味料，加入步驟 2 的汆燙蘿蔓，拌勻即可。

原型便當・林思妤

泰式涼拌豬肉義大利麵

泰式涼拌豬肉義大利麵

| 保存方式·時間 | 建議常溫保存，當天食畢

【材料（3 人份）】

義大利麵 … 250g
梅花豬肉片 … 250g
紫洋蔥 … 半顆
番茄 … 半顆
小黃瓜 … 1 條
香菜 … 些許
檸檬 … 半顆

◎ 醬料
米酒 … 少許
魚露 … 適量
泰式酸辣醬 … 適量

【作法】

1 紫洋蔥洗淨去皮後切絲泡冰水，冷藏一晚備用。

2 煮一鍋水，待水滾後，放入義大利麵。煮熟後撈起，拌入橄欖油防止麵體黏在一起，靜置放涼。

3 另煮一鍋水，加少許米酒煮滾，汆燙豬肉去腥。

4 小黃瓜切絲；番茄切丁；香菜切末。

5 取一容器將步驟 2-4 放入稍拌，淋上泰式酸辣醬，擠上檸檬汁，再加點魚露，拌勻後即可。

戴菀鍹
日式便當裡藏的食育美學

三個孩子的媽，老大先天膽道異常，5歲開刀拿掉膽之後，飲食必須特別謹慎，用的油品、食材的種類和新鮮度、烹煮方式，都需要悉心照料。3年多前，學校換了營養午餐供應商，下午哥哥突然腹瀉不止，驚恐之餘和孩子溝通後，儘管當時菀鍹對自己的廚藝不像現在這麼有信心，但牙一咬心一狠：「乾脆自己準備便當吧！」

剛開始只是希望孩子吃得健康、帶兒子喜歡吃的菜，如同日本人的便當精神：從準備便當那一刻的「心意」開始，為孩子量身訂做便當的念頭，開啟她的便當之路。「除了營養之外，還能帶給孩子什麼？」第二個念頭，竟又將菀鍹引進一條食育的祕密花逕。

菀鍹從音樂老師轉職成全職媽

媽，不代表她對文藝美學的執著就此中斷。日本向來是他們家每年家庭旅遊的固定行程，自從踏進便當世界後，日本行變得更加別具意義，當她駐足商店盯著整櫃的便當書：「內心不斷吶喊為什麼？為什麼？為什麼日本便當這麼美、便當文化如此深厚迷人？」心生嚮往，便開始鑽研起各式各樣的日本便當書籍。完全不懂日文的她，為了看懂書上的描述，認真學起日文，一頭栽入便當殿堂，越走越投入。

從烹飪方式、菜色搭配到擺盤技巧，菀錀期許自己的便當能將美學精神傳遞給孩子們。她用繽紛淡雅的櫻花提醒孩子春天來了；用豐富的九宮格食材呈現夏日生活的多樣性；用楓葉等大地色澤妝點秋日的美好；冬日的新年便當裡，用扇昆布點綴如冬日的覆雪，「讓孩子從便當裡去感受季節的變化和世界的美好。」

自從兩位妹妹出生後，哥哥一直很在意無法再像以前一樣「獨享」媽媽，但媽媽親手準備的便當，對哥哥來說，代表的是媽媽對他獨一無二的愛。有一年哥哥生日，前一晚妹妹整夜高燒不退，媽媽當天早上無力做便當，哥哥潸然淚下的說他不要生日禮物，他只要媽媽做的便當，菀錀的心揪成一團。她笑說，現在「沒便當吃」已經變成是對孩子最嚴厲的逞罰。

「從小到大我只有音樂，但現在我有便當，」做便當似乎已成為菀錀生命中舉足輕重的日常，因為便當是她和孩子間彌足珍貴的情感媒介。身為親帶三個孩子長大的全職媽媽，她說日常生活或許早已被催促聲和嘮叨聲塞滿，但便當卻能完整地將她對孩子們的愛，溫柔且扎實地傳遞給寶貝們。就算沒親口嚐到佳餚，一眼便也能看出母愛流竄在菀錀的便當裡，愛意深厚且暖透。

便當 13

春野菜稻荷壽司便當

主食：
- 野菜豆皮壽司

主菜：
- 牛蒡雞肉丸子

副菜：
- 海苔玉子燒
- 櫛瓜煎餅
- 薑燒南瓜

原
型
便
當
·
戴
菀
鍹

主菜

牛蒡雞肉丸子

|保存方式·時間|建議冷藏保存，5 天內食畢

【材料（3 人份）】

雞絞肉 … 200g
牛蒡 … 100g
蔥白 … 半根

▨ 調味料
薑泥 … 1 小匙
鹽 … 少許
太白粉 … 1 大匙

▨ 醬料
醬油 … 1 大匙
清酒 … 1 大匙
味醂 … 1 大匙
砂糖 … 2 小匙

【作法】

1 將牛蒡和蔥條切碎。

2 取一容器，放入步驟 1 與雞絞肉拌勻。

3 加入調味料拌至黏稠感。

4 捏成小丸子後放入電鍋蒸熟。

5 下鍋放些許油（份量外）將蒸熟的小丸子略煎，
　增加香氣

6 加入醬料，略煮入味即可。

野菜豆皮壽司

主食

│ 保存方式・時間 │ 建議常溫保存，半天內食畢

【材料（2人份）】

溫飯 … 2 碗
方形豆皮 … 適量
玉米、鴻禧菇、油菜
花、紫心地瓜 … 適量

▧ 調味料
壽司醋 … 1 大匙

【作法】

1 壽司醋加入溫飯切拌均勻。

2 把步驟 1 的米飯塞入方形豆皮壽司內。

3 把燙（蒸）熟的野菜分別鋪在步驟 2 上方即可。

海苔玉子燒

副菜

│ 保存方式・時間 │ 建議冷藏保存，3 天內食畢

【材料（2人份）】

雞蛋 … 2 顆
海苔片 … 2 片

▧ 調味料
鰹魚高湯 … 2 大匙
鹽 … 少許

【作法】

1 取一容器將雞蛋打散後，加入調味料拌勻。

2 玉子燒鍋開小火，均勻塗上一層油，確認油鍋
熱後（用筷子沾蛋液，蛋液凝固就是最佳的溫度）。

3 將蛋液倒入1/4量，迅速在鍋內攤平，等待蛋液略為
凝結時放上海苔片，將蛋捲起來。

4 重複以上動作至蛋液煎完即可。

102

副菜 # 櫛瓜煎餅

【材料（3人份）】

櫛瓜 … 1 條

▨ 調味料

雞蛋 … 1 顆
麵粉 … 適量
鹽 … 少許

▨ 醬料
市售胡椒粉或番茄醬

【作法】

1 櫛瓜洗淨後切片，厚約0.5cm，用鹽抓醃，靜置
10分鐘後用開水洗淨瀝乾，備用。

2 取一容器將雞蛋攪打均勻。

3 將步驟1的櫛瓜兩面均勻沾上薄薄的麵粉，再沾上步驟2的蛋液。

4 平底鍋熱油後，將櫛瓜煎至兩面金黃即可。

原型便當・戴菀錀

副菜 # 薑燒南瓜

【材料（3人份）】

栗子南瓜 … 半顆
薑 … 3 片

▨ 調味料
鹽 … 少許

【作法】

1 栗子南瓜外皮洗淨後切塊；薑片切粗
絲，備用。

2 熱油鍋後，下薑絲炒香，南瓜皮向下，
擺好後蓋鍋蓋中小火燜煮約5分鐘。

3 用一支筷子來確認南瓜的熟度，可穿透
就是熟了。

4 撒上些許鹽拌勻即可。

便當 14

地瓜炊飯九宮格便當

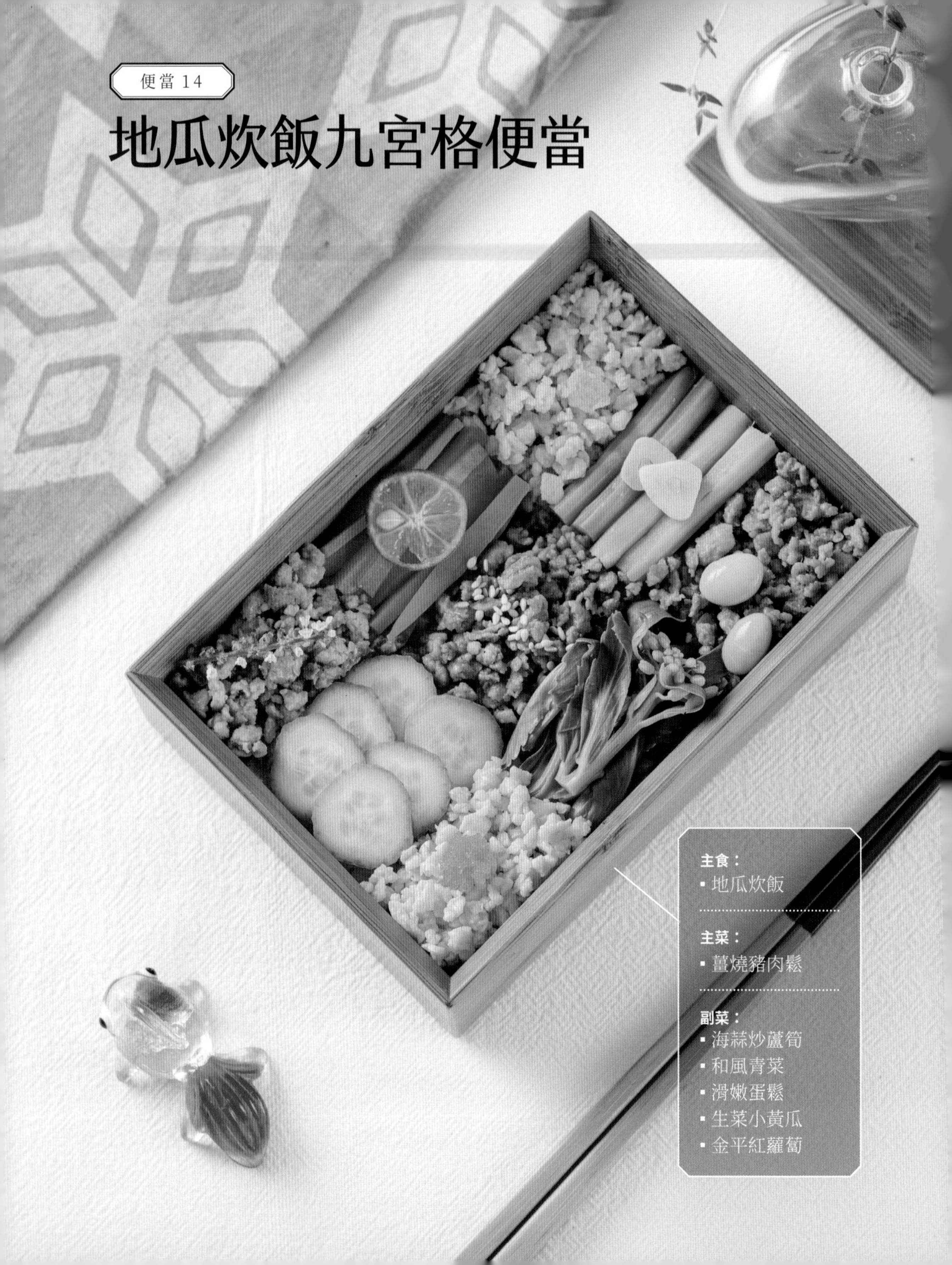

主食：
- 地瓜炊飯

主菜：
- 薑燒豬肉鬆

副菜：
- 海蒜炒蘆筍
- 和風青菜
- 滑嫩蛋鬆
- 生菜小黃瓜
- 金平紅蘿蔔

薑燒豬肉鬆

| 保存方式・時間 | 建議冷藏保存，3 天內食畢

【材料（3 人份）】

豬絞肉 … 300g
薑泥 … 2 小匙

※ 調味料
醬油 … 1 大匙
味醂 … 1 大匙
米酒 … 1 大匙
糖 … 1 大匙

【作法】

1 熱油鍋後先將薑泥炒香。

2 加入絞肉炒熟。

3 加入所有調味料炒至收汁即可。

原型便當・戴苑錡

地瓜炊飯

| 保存方式・時間 | 建議冷凍保存，2 週內食畢

【材料（2 人份）】

白米 … 1 杯
黃地瓜 … 1 條

【作法】

1　地瓜洗淨去皮切塊，泡冷開水10分鐘後瀝乾備用。

2　洗好的白米放入電子鍋或電鍋，加入適量的水（米1：水1），將地瓜放入，一起煮熟即可。

TIP
地瓜煮前泡冷水，可防止地瓜氧化變色，煮出來的地瓜色澤會更漂亮。

| 保存方式・時間 | 建議常溫保存，當日食畢

副菜 # 蒜炒蘆筍

【材料（3 人份）】

蘆筍 … 1 把　　　◎ 調味料
蒜頭 … 2 顆　　　鹽 … 少許
　　　　　　　　水 … 少許

【作法】

1　蒜頭洗淨去皮切片、蘆筍刨去粗纖維後，切段備用。

2　熱油鍋後，炒香蒜片，下蘆筍拌炒後加些許熱水和鹽炒熟即可。

【副菜】 **和風青菜**

【材料（3 人份）】

甜菜心花 … 1 把

※ 調味料
薑泥 … 1 小匙
和風鰹魚粉 … 1 小匙
醬油 … 1 小匙
胡麻油 … 1 大匙
白芝麻 … 適量

【作法】

1 煮一鍋水，煮沸後加少許鹽，將洗淨的甜菜心花燙熟。

2 燙熟後的甜菜心花略為擰乾，切段。

3 加入醬料拌勻即可。

原型便當・戴菀鍹

【副菜】 **滑嫩蛋鬆**

【材料（2 人份）】

雞蛋 … 2 顆　　※ 調味料
　　　　　　　鹽 … 少許

【作法】

1 將雞蛋攪拌均勻，加入鹽拌勻備用。

2 熱油鍋後，倒入蛋液用筷子快速將蛋液拌開、拌鬆至熟即可。

TIP ─────────
搭配中小火，以兩雙筷子井字方向快速攪拌，就可快速拌出細碎的蛋鬆。

青翠小黃瓜

│保存方式‧時間│建議常溫保存，當天食畢

【材料（3 人份）】

水果小黃瓜 ⋯ 1 條

【作法】

1 小黃瓜洗淨後切薄片，鋪至飯上即可。

TIP ————————————
水果小黃瓜品種比較甜，很適合生吃。

副菜 金平紅蘿蔔

【材料（3 人份）】

紅蘿蔔 ⋯ 1 條　　　味醂 ⋯ 2 小匙
　　　　　　　　　砂糖 ⋯ 1 小匙
◎ 調味料　　　　　白芝麻 ⋯ 適量
醬油 ⋯ 2 小匙　　　胡麻油 ⋯ 適量

【作法】

1 紅蘿蔔洗淨去皮切成絲，放入電鍋蒸熟。

2 步驟 1 的紅蘿蔔蒸熟後，加入醬料拌勻即可。

TIP ————————————
日式便當中很常出現「金平」副菜，是一種日式料理的
烹調手法，用醬油、糖、味醂，來料理根莖類蔬菜。

│保存方式‧時間│建議冷藏保存，3 天食畢

栗子炊飯秋楓便當

主食：
- 栗子炊飯

主菜：
- 醬燒雞肉鬆
- 蓮藕夾肉煎餅

副菜：
- 海彩色楓葉
- 玉米厚蛋燒
- 薑炒青花菜
- 乾煎金時地瓜

主食

栗子炊飯

│保存方式・時間│建議冷凍保存，2 週內食畢

【材料（3 人份）】

米 … 1 1/2 杯
脫殼生栗子 … 150g
鴻禧菇（或任何喜愛的菇類）… 適量
蓮藕 … 1 塊

※ 調味料

醬油、清酒、味醂 … 各 1 大匙
柴魚高湯 … 1 1/2 杯

【作法】

1 蓮藕洗淨去皮，切片備用。

2 米洗淨後加入柴魚高湯至電子鍋 1 1/2
杯處（若使用電鍋，則高湯1：米1）。

3 加入醬料拌勻。

4 將其他食材全部放入電子鍋，按下炊
煮，煮熟即可。

蓮藕夾肉煎餅

| 保存方式・時間 | 建議冷藏保存，3 天內食畢

【材料（5 人份）】

蓮藕 … 200g
豬絞肉 … 300g
水 … 1 大碗
白醋 … 1 小匙

※ 調味料

醬油 … 1 大匙
米酒 … 1 大匙
砂糖 … 1/2 大匙

鹽 … 適量
胡椒粉 … 1 小匙
太白粉水 … 1 大匙

【作法】

1 先準備1大碗水與1小匙白醋。蓮藕洗淨後削皮，切成薄片，放入醋水裡，防氧化變色。

2 蓮藕薄片取出瀝乾，請用廚房紙巾吸乾水分，防止蓮藕和絞肉散開。

3 豬絞肉和調味料拌勻。

4 蓮藕片夾入絞肉，略壓定型。

5 熱平底鍋加油，將蓮藕絞肉片煎到二邊表面呈金黃色即可。

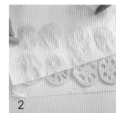

醬燒雞肉鬆

| 保存方式‧時間 | 建議冷藏保存，3 天食畢

【材料（2 人份）】

雞絞肉 … 200g

◎ 調味料

味醂 … 2 小匙
醬油 … 2 小匙
咖哩粉 … 1 小匙
清酒 … 1 小匙

【作法】

1 熱油鍋後，絞肉下鍋炒至變色。

2 加入調味料拌炒至收汁即可。

彩色楓葉

【材料（2 人份）】

水果彩椒、地瓜、青花菜心 … 適量

【作法】

1 水果彩椒洗淨去芯後，表面塗上一層薄薄的油，放入烤箱180℃烤3分鐘。

2 地瓜用電鍋蒸熟備用。

3 青花菜心燙熟備用。

4 用楓葉模型壓出彩色蔬菜楓葉即可。

| 保存方式‧時間 | 建議冷藏保存，3 天內食畢

副菜 # 玉米厚蛋燒

【材料（2 人份）】

雞蛋 … 2 顆

玉米罐 … 半罐

※ 調味料

鹽 … 少許

【作法】

1 取一容器將蛋打散，加入少許鹽拌勻。

2 玉子燒鍋塗上一層油熱鍋，倒入蛋液快速攤平，略為凝固後加入玉米粒，將蛋捲起。

3 重複以上動作，將蛋液煎完即可。

副菜 # 薑炒青花菜

【材料（3 人份）】

青花菜 … 1 顆

薑 … 1 小段

※ 調味料

鹽 … 適量

【作法】

1 青花菜洗淨後切小朵，去除梗部表面粗纖維。

2 熱油鍋後，先將薑絲炒香，下青花菜及些許的水半炒至熟，起鍋前加入適量鹽即可。

原型便當‧戴菀鍹

副菜 # 乾煎金時地瓜

【材料（2 人份）】　金時地瓜 … 1 條

【作法】

1 地瓜表皮充分洗淨，連皮切0.3cm厚輪狀，泡水10分鐘後，瀝乾備用。

TIP ——————————————

地瓜泡水，可防止變色。可蓋上鍋蓋加速地瓜熟透時間。

2 熱油鍋後，煎至兩面金黃即可。

便當 16

日式新年便當

主菜：
▪ 甜椒鑲肉

副菜：
▪ 伊達卷
▪ 醬拌小松菜
▪ 柚香淺漬白蘿蔔
▪ 雙色地瓜球
▪ 筑前煮

主菜 甜椒鑲肉

| 保存方式·時間 | 建議冷藏保存，3 天內食畢

【材料（3 人份）】

彩色甜椒 … 各 1 個
豬絞肉 … 200g
日式柴魚高湯 … 150g

▨ 調味料

薑泥 … 2 小匙
蛋液 … 1/2 顆
麵包粉 … 2 大匙
胡椒粉 … 適量

▨ 醬料

砂糖 … 1 大匙
醬油 … 1 1/2 大匙
味醂 … 1 1/2 大匙
米酒 … 1 1/2 大匙

【作法】

1 彩色甜椒洗淨去芯，切成0.5cm寬的圓形。

2 豬絞肉和麵包粉等調味料混和拌勻。

> **TIP**
> 絞肉內加入麵包粉，可使肉排更多汁美味。

3 將切好的彩色甜椒和1大匙太白粉放入塑膠袋裡，搖晃均勻後取出。

4 甜椒內塞入調味後的豬絞肉。

5 平底鍋開中火倒入食用油（份量外），熱鍋後放入甜椒鑲肉煎至兩面表面成金黃色。

6 倒入柴魚高湯蓋上鍋蓋轉小火，等甜椒鑲肉煮熟後再倒入醬料，約煮5分鐘略為收汁即可。

> **TIP**
> 日式柴魚高湯可買現成的柴魚或鰹魚湯包，泡熱水後即完成。

原型便當·戴苑鍄

副菜 伊達卷

【材料（3 人份）】

雞蛋 … 2 顆　　　　　※ 調味料
嫩豆腐 … 20g　　　　砂糖 … 1/2 大匙
　　　　　　　　　　味醂 … 1/2 大匙
　　　　　　　　　　醬油 … 1/2 小匙

【作法】

1 將所有材料和調味料放入攪拌機內攪拌至滑順狀。

2 熱玉子燒鍋，均勻塗上一層油，倒入蛋液後蓋上鋁箔紙。

3 小火燜煮約8分鐘後，用竹籤確認熟度，竹籤表面乾燥即可。

4 將上色面朝上，用伊達卷竹籤捲起，待冷卻後切片即完成。

副菜 筑前煮

【材料（3 人份）】

蓮藕 … 150g　　　　※ 調味料
紅蘿蔔 … 50g　　　　醬油 … 1 大匙
牛蒡 … 50g　　　　　糖 … 1/2 大匙
鴻喜菇 … 40g　　　　清酒 … 1/2 大匙
豌豆莢 … 數根　　　　味醂 … 1/2 大匙
　　　　　　　　　　水 … 40c.c.

【作法】

1 豌豆莢燙熟，斜切半；蓮藕去皮切約0.3cm厚片，備用。

2 紅蘿蔔、牛蒡洗淨去皮切塊；鴻喜菇去除根部，備用。

> **TIP** ————————————————————
> 蔬菜用滾刀方式切塊，較能入味。

3 熱油鍋後，將蓮藕、紅蘿蔔、牛蒡與鴻喜菇放入拌炒至有香氣。

4 倒入調味料拌勻，蓋上鍋蓋用中小火煨煮約15至20分鐘。

5 煮熟後熄火，最後加入步驟1燙熟的豌豆莢即可。

醬拌小松菜

保存方式・時間 建議冷藏保存，2 天內食畢

【材料（3 人份）】

柴魚高湯包 … 一包
小松菜 … 一把

≋ 調味料

醬油 … 1 小匙
柴魚片、胡麻油 … 適量
白芝麻 … 1 小匙

【作法】

1 煮一鍋柴魚高湯，將洗淨後的小松菜燙熟。

2 取出略為擰乾後去頭、切段。

3 拌入調味料即可。

副菜 雙色地瓜球

保存方式・時間 建議冷藏保存，3 天內食畢

【材料（2 人份）】

黃肉地瓜 … 1/3 顆
紫心地瓜 … 1/3 顆

【作法】

1 地瓜洗淨去皮後放入電鍋蒸熟。

2 蒸熟後的地瓜搗成泥狀，用保鮮膜塑形成球狀即可。

原型便當・戴菀鍮

副菜 柚香淺漬白蘿蔔

保存方式・時間 建議冷藏保存，5 天內食畢

【材料（4 人份）】

白蘿蔔 … 150g

≋ 調味料

鹽 … 1/2 小匙

≋ 醬料

醋 … 2 小匙
柚子醬 1 … 大匙
糖 … 1 小匙
蜂蜜 … 1 小匙

【作法】

1 將白蘿蔔洗淨去皮後切成薄片（或長條狀），加入鹽靜置10分鐘去澀味。

2 將白蘿蔔擰乾去除水分，加入醬料拌勻靜置入味即可。

便當 17

元氣燒肉丼便當

主菜　日式燒肉

保存方式·時間｜建議冷藏保存，3 天內食畢

【材料（2 人份）】

雪花牛肉片 … 150g

▨ 調味料

醬油 … 1 大匙
味醂 … 1 大匙
清酒 … 1 大匙
砂糖 … 1 大匙

【作法】

1 熱鍋後直接放入雪花牛肉片煎至變色即先取出。

TIP
雪花牛油脂較多，比較不會有煎煮過老的問題。日式燒肉亦可拿來做壽司、飯糰或三明治都非常適合。

2 取一容器調勻所有調味料。

3 將步驟 **2** 倒入鍋，小火煮至冒泡，放入牛肉片沾滿醬料即可。

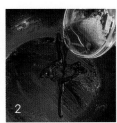
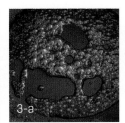
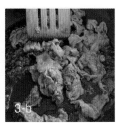

原型便當·戴菀錡

副菜　涼拌黃豆芽

保存方式·時間｜建議冷藏保存，4 天內食畢

【材料（5 人份）】

黃豆芽 … 1 包（200g）

▨ 調味料

蒜末 … 2 小匙

鹽 … 適量
糖 … 2/3 小匙
胡麻油 … 1/2 大匙

【作法】

1 黃豆芽洗淨後，備一鍋滾水，汆燙3分鐘。

2 黃豆芽撈起瀝乾水分，趁熱加入所有調味料拌勻，放涼後冷藏即可。

塔香茄子

【材料（3 人份）】

茄子 … 2 條	▨ 醬料
九層塔 … 2 株	醬油 … 1 大匙
蒜末 … 1 大匙	糖 … 1 小匙
辣椒 … 適量	胡麻油 … 1 小匙

【作法】

1 茄子洗淨後切段剖半，滾水加鹽後放入茄子。

2 煮一鍋水，下茄子汆燙5分鐘後，起鍋泡冰水，切成喜歡的寬度。

TIP

茄子下鍋後，放上電鍋鐵架，再用重物（例如：瓷碗）壓住鐵架，避免讓茄子接觸到空氣，可預防氧化變黑。

3 取一容器，將洗淨切細末的九層塔和蒜末、辣椒、醬料拌勻，淋在茄子上即可。

副菜 # 胡麻菠菜

【材料（3 人份）】

菠菜 … 1 把	▨ 醬料
	市售日式胡麻醬

【作法】

1 菠菜洗淨去蒂頭，備用。

2 煮一鍋水，水滾後加鹽，放入步驟1燙熟。

3 撈起略為擰乾後切段，淋上胡麻醬即可。

和風烤甜椒

【材料（2 人份）】

黃甜椒 … 1 顆

▨ 調味料

橄欖油 … 適量

▨ 醬料

醬油 … 2 小匙

柴魚片 … 2 小匙

白芝麻 … 適量

【作法】

1 黃甜椒洗淨切開後，去蒂頭和芯。

2 烤箱預熱200℃，將黃甜椒放置烤盤上，黃甜椒表面刷上一層橄欖油後放入烤箱，烤約5分鐘。

TIP

甜椒表面有油分，受熱會比較均勻。

3 取出黃甜椒切成條狀，放入碗裡加入醬料，拌勻即可。

保存方式・時間｜建議冷藏保存，3 天內食畢

原型便當・戴菀鍮

保存方式・時間｜建議冷藏保存，3 天內食畢

副菜 # 元氣水煮蛋

【材料（3 人份）】

雞蛋 … 3 顆

【作法】

1 將蛋洗淨後在底部氣室處打洞備用。

2 煮一鍋水，水滾後小心放入雞蛋，轉中小火煮7分鐘即可取出泡冰水並剝殼。

日式炒麵麵包便當

主食：
- 日式炒麵麵包

副菜：
- 馬鈴薯沙拉

日式炒麵麵包

| 保存方式‧時間 | 建議冷藏保存，2 天內食畢

【材料（2 人份）】

市售日式炒麵 … 2 包
潛艇堡麵包 … 4 個
牛肉片 … 150g
高麗菜 … 30g
紅蘿蔔 … 10g
鴻禧菇 … 1/4 包
洋蔥 … 1/4 顆
紅薑 … 適量

✎ 調味料

鹽、黑胡椒粉 … 少許
日式炒麵附的醬包 … 2 包
水 … 50c.c.

【作法】

1 洋蔥、高麗菜、紅蘿蔔洗淨後去皮切絲；鴻禧菇去尾段；牛肉片撒上些許鹽和黑胡椒粉，備用。

2 熱油鍋後中小火將洋蔥炒軟，陸續放進紅蘿蔔、高麗菜和鴻禧菇炒熟。

3 同鍋加入牛肉片炒至變色，再加日式炒麵，並加50c.c.的水，全部拌炒均勻，最後加入日式炒麵醬炒至收汁。

TIP
炒麵50c.c.的水可以讓麵體更為滑Q多汁。

4 將炒麵放入麵包內即可。

副菜 馬鈴薯沙拉

保存方式・時間｜建議冷藏保存，3天內食畢

【材料（2人份）】

馬鈴薯 … 1 顆
紅蘿蔔 … 1/4 條
小黃瓜 … 1/3 條
雞蛋 … 1 顆

※ 調味料

鹽 … 少許
糖 … 1 小匙
美乃滋 … 2 大匙
牛奶 … 10c.c.

【作法】

1 紅蘿蔔洗淨去皮後，放入容器，和雞蛋一起用電鍋蒸熟。

2 小黃瓜洗淨切片，用少許鹽去青。靜待10分鐘後擰乾水分，加入糖拌勻即可。

3 馬鈴薯洗淨去皮切成大塊，備一鍋冷水放入，開中火煮10分鐘。煮至筷子能刺穿馬鈴薯的熟度，起鍋瀝乾。

4 蒸熟的紅蘿蔔和蛋白切丁，馬鈴薯和蛋黃搗成泥狀後，全部一起攪拌。

5 取一容器，放入步驟 1、3、4，再加入美乃滋和鮮奶，最後加入小黃瓜一起拌勻即可。

原型便當・戴菀鍹

貝拉嚕那
Fusion 風上班族便當

貝拉嚕那 （Bella）的便當，就像異國風的餐廳菜單，精心設計卻沒有框架，台菜、日式、義式、韓式、東南亞到西式，菜色顯得自在灑脫，總是充滿「哇！這也可以當便當菜啊」的驚喜。從小在台南長大，2018年因小妹決定北漂打拚，身為長女、原本任職於家族企業的Bella，決定陪伴妹妹北上，相互作伴照料。不愛外食的姐妹倆，就由姐姐掌廚，準備早餐和午餐便當，「每天早上5點半起床，真的是靠意志力在支撐！」不只疼愛妹妹的心思藏都藏不住，對上班族便當的每個小細節，更是完全不馬虎。

首先，一一詳記妹妹愛的菜色，並且用上班族的情境、和妹妹每日餐後的回饋作為便當菜色調整依據，例如，在料理時會避開蒜味、避免會噴汁的料理，以免造成口臭或弄髒白襯衫；餐點會盡量以「小口擺盤法」，利用精緻小巧的捲麵、握壽司、飯糰或三明治當作主食，方便坐辦公室的妹妹一邊工作一邊吃；可愛療癒的造型，也是希望妹妹在打開餐盒時，能感受到姐姐打氣與支持的心意。

Bella說她國小、國中中午都是吃媽媽準備的便當，當時非常挑食又不愛吃東西，不是聊天聊到忘記吃飯，就是不想吃、隨便扒個幾口了事。她回憶媽媽每日都會寫小紙條，「不要誤會，不是那種打氣的紙條，而是寫食用的順序」，仔細地叮嚀先吃什麼「必吃」的菜色，以免她因罷吃而沒有足夠的營養。「因為挑食，只有我有媽媽的便當，長大後才知道妹妹們當時都非常羨慕我。」Bella現在每天就像媽媽一樣，細心地將愛藏進妹妹的便當裡。

Bella一家五口感情深厚，三姐妹從小就喜歡圍著爸媽在廚房裡打轉，在她的部落格也常看見陳爸陳媽的拿手菜食譜。「我媽不愛煮，都是為我們而煮，三姐妹就愛黏著她點菜，」她笑說陳媽媽手腳俐落，同樣的食材會為三人變換不同口味的菜色。現在的她努力記錄「家中廚藝100道」，硬逼著媽媽教她從小吃到大的好滋味，希望能將爸媽的好手藝傳承下來。

也因此，每次爸媽北上，全家人又得以聚在廚房，一起回味兒時的餐桌記憶，「我媽沒有很甘願，她說當我嫁妝，希望教完100道菜後能把我嫁出去。」笑聲中點滴都能感受到Bella家滿滿的、互寵的家庭幸福。

韓式紫菜飯捲便當

主食：
▪ 紫菜飯捲

主菜：
▪ 海鮮煎餅

副菜：
▪ 辣炒年糕
▪ 韓式煎粉紅魚腸

【主食】

紫菜飯捲

| 保存方式・時間 | 建議常溫保存，當天食畢

【材料（2 人份）】

[麻油拌飯]
白飯 … 300g
白芝麻 … 1 大匙
醃黃蘿蔔 … 1/4 條

※ 調味料
韓國麻油 … 1 大匙
鹽 … 1 小匙

[內餡]
午餐肉 … 1/2 塊
海苔片 … 4 片
小黃瓜 … 1 條
雞蛋 … 1 顆
紅蘿蔔 … 1 小條

【作法】

1 取一容器打入雞蛋加鹽拌勻，倒入平底鍋中煎成蛋皮，再切成蛋絲，備用。

2 紅蘿蔔洗淨去皮切絲，鍋中倒入些許油（份量外），熱鍋後放入紅蘿蔔絲並加少許鹽拌炒至軟；小黃瓜洗淨去籽後切長條並均勻抹鹽，約5分鐘後沖洗並拭乾，備用。

3 午餐肉切成條狀，煎到表面焦香。

4 白飯趁熱拌入韓國麻油、鹽、白芝麻備用。

原型便當・貝拉嚕那

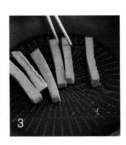

1　2　3　4

5 在壽司竹簾上放上海苔（亮面朝下），在海苔上鋪上薄薄步驟 **4** 的飯，海苔上方留約4cm的空間。

6 接著放上步驟 **1 - 3** 的內餡，拉起壽司竹簾從下開始慢慢往前捲到沒有鋪飯的海苔處。

TIP ────────
可在壽司竹蓆上鋪上保鮮膜再來製作紫菜捲，更便於清潔壽司竹簾。

7 沾一點水在未鋪米飯的海苔處，續捲讓飯捲黏合，再將壽司竹簾捲壓緊。

8 在紫菜飯捲上塗上一層麻油並撒上白芝麻做裝飾，最後切成約2cm寬的大小即可。

TIP ────────
刀子抹上一點油，會比較好切紫菜飯捲。

主菜

海鮮煎餅

│ 保存方式・時間 │ 可冷凍保存約 3 週，解凍後回煎加熱

【材料（3 人份）】

大蝦仁 … 7 尾
花枝 … 1 隻
中筋麵粉 … 150g
再來米粉 … 2.5 大匙
玉米粉 … 2 大匙
無鋁泡打粉 … 1/2 小匙
雞蛋 … 1 顆

水 … 195c.c.
蔥 … 5 支
辣椒 … 1 支

▧ 調味料

鹽 … 1/2 小匙

油 … 3 大匙

白胡椒粉 … 少許

韓式麻油 … 少許

▧ 醬料

醬油 … 2 1/2 大匙

糖 … 1 大匙

醋 … 2 大匙

芝麻 … 1 小匙

水 … 2 大匙

辣椒粉 … 少許

【作法】

1 取一料理盆放入中筋麵粉、再來米粉、玉米粉、泡打粉、鹽加入1顆雞蛋及水拌勻，備用。

2 蝦仁撒上少許白胡椒粉、鹽（份量外）抓醃約10分鐘後切丁；花枝洗淨切成丁狀；蔥洗淨切段，全都放入步驟 1 的麵糊中拌勻。

3 鍋中加入1 1/2大匙的油，中火熱油後放入1/2份量的調好的海鮮麵糊均勻鋪好。

4 將步驟 3 煎至底部金黃，翻面並在煎餅邊倒入少許韓式麻油增添香氣，再將另一面煎至金黃後即可起鍋。接著，以同樣方式再煎下一片海鮮煎餅。

TIP

鍋中油量要稍多一點，讓海鮮煎餅以半煎炸的方式製作，煎出來的海鮮煎餅會更加酥脆。

5 取一醬料盤，醬料材料全部放入拌勻即可沾用。若不吃辣可省略辣椒粉。

1　2-a　2-b　2-c
3-a　3-b　4

辣炒年糕

|保存方式・時間│建議常溫保存，當天食畢

【材料（2人份）】

年糕 … 300g（約22個）
昆布 … 1段（10cm）
韓國魚板 … 2片
水 … 300c.c.
水煮鳥蛋 … 6個
高麗菜 … 3大片
蔥 … 2支
白芝麻 … 適量

※ 調味料

韓國粗辣椒粉 … 1/2小匙
韓式辣椒醬 … 2大匙
醬油 … 1大匙
糖 … 1/2小匙
蜂蜜 … 1大匙

副菜

韓式煎粉紅魚腸

|保存方式・時間│建議少量製作，當天食畢

【材料（2人份）】

粉紅魚腸 … 1/4條
雞蛋 … 1顆
蔥 … 1/2支（蔥綠部分）
辣椒 … 1條
油 … 1/2大匙
鹽 … 少許
麵粉 … 適量

【作法】

1　韓國魚板切成條狀，約8條；蔥洗淨切段；高麗菜洗淨撕成小塊狀，備用。

2　燒一鍋滾水，燙年糕約1分鐘後，放到流動冷水下沖洗乾淨。

3　另起鍋，放入昆布並倒入300c.c.的清水煮滾，將昆布取出。

4　鍋中放入步驟2的年糕、韓國粗辣椒粉、韓式辣椒醬、醬油、糖、蜂蜜及魚板煮至年糕按壓起來有軟度。

5　加入水煮鳥蛋與步驟1的高麗菜攪拌煮至高麗菜柔軟，再放入蔥段快速拌攪後關火，最後撒上白芝麻增添風味。

TIP

平時吃可以加入水煮雞蛋，為了方便帶便當此食譜改用鳥蛋代替。

【作法】

1　粉紅魚腸切成約0.5cm的片狀，並雙面撒上薄薄麵粉；辣椒洗淨去籽切末；蔥綠切末，備用。

2　取一容器打入雞蛋，並加一點鹽打散，備用。

3　鍋中倒入油，熱鍋後將粉紅魚腸裹上步驟2的蛋液放入鍋中，魚腸上放少許辣椒、蔥綠末，再翻面煎至兩面金黃即可。

COOKING POINT

粉紅魚腸是由魚漿製成，是韓國媽媽很常製作的便當菜之一，可在網路購得。辣椒和蔥為裝飾和增添風味之用，也可單純將魚腸片裹上蛋液煎至金黃，油煎後，就是一道簡單又好吃的便當菜了。

日式手毯壽司便當

主菜：

八款手毯壽司   5. 小黃瓜壽司
1. 章魚壽司   6. 鮭魚卵蛋壽司
2. 香菇壽司   7. 小黃瓜蛋捲壽司
3. 蟳味棒壽司   8. 燻鮭魚壽司
4. 蝦子壽司

手毬壽司

| 保存方式 · 時間 | 建議保冰，當天食畢

【材料（1 人份）】

[壽司飯]
白飯 … 300g

▨ 調味料
醋 … 1 1/2 大匙
糖 … 1 大匙
鹽 … 1/2 小匙

[配料]
蟳味棒 … 2 條
香菇 … 1 朵
燻鮭魚 … 1 片
小黃瓜 … 1 條
雞蛋 … 1 顆
帶尾蝦 … 1 隻
鮭魚卵 … 1 1/2 小匙
乾燥巴西利 … 1 小撮
章魚腳 … 1 小段
蔬菜雞高湯 … 1 杯
海苔 … 1 小段
辣椒絲 … 2 條（裝飾用）
白芝麻 … （裝飾用）

▨ 調味料
蘋果醋 … 1 1/2 大匙
糖 … 1 大匙
麻油 … 少許

▨ 調味料
薄鹽醬油 … 適量
芥末 … 適量

【作法】

1 取一容器將醋、糖及鹽拌勻後，倒入熱白飯中，用飯勺輕柔地斜拌方式拌勻，備用。

2 起鍋煮滾蔬菜雞高湯後放入帶尾蝦、蟳味棒，及去梗且表面刻上格子狀的香菇，燙熟取出，備用。

3 製作八種口味壽司。

香菇壽司

1 取適量壽司飯用保鮮膜捏製成圓球狀。

2 香菇去蒂，蕈皮表面輕切格狀，錯開取下蕈皮。

3 打開保鮮膜放上步驟 2 的香菇，再次用保鮮膜捏成香菇手毬壽司。

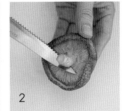
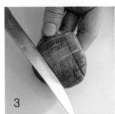

蝦子壽司

1 取適量壽司飯用保鮮膜捏製成圓
球狀。

2 打開保鮮膜放上帶尾蝦後用保鮮
膜捏緊。

3 再次打開保鮮膜後用一段海苔繫
住蝦與壽司飯球。

4 海苔上塗上一點麻油，擺上白芝
麻裝飾即可。

小黃瓜蛋捲壽司

1 取適量壽司飯用保鮮膜捏製成圓
球狀，外面包上一層小黃瓜片。

2 將小黃瓜洗淨刨成長薄片狀放上
條狀蛋皮。

3 修掉超出小黃瓜片的蛋皮，接著
從交疊的小黃瓜蛋片中間切開成
兩條長條狀並捲起。

4 將螺旋小黃瓜蛋放在步驟1的壽
司球上即可。

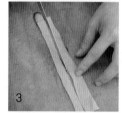
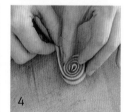
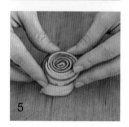

章魚壽司

1 取適量壽司飯用保鮮膜捏製成圓球狀。

2 章魚腳洗淨後汆燙約5分鐘待熟後切段。

3 取一容器倒入蘋果醋和糖調製成醋糖水，將步
驟2的章魚腳放入，醃漬30分鐘入味。

4 取出醃漬好的章魚腳尾端放在保鮮膜上，再放
上壽司飯用保鮮膜捏成球狀即可。

蟹味棒壽司

1 取適量壽司飯用保鮮膜捏製成圓球狀。

2 蟹味棒撕開紅色及白色部分，兩色撕約5小絲寬度的條狀各6條。

3 將紅白蟹味棒絲紅白交疊，編織成格狀放在保鮮膜上。

4 將步驟1的壽司飯放在編織好蟹味棒上，拉起保鮮膜捏緊即可。

小黃瓜壽司

1 取適量壽司飯用保鮮膜捏製成圓球狀。

2 小黃瓜洗淨後刨成薄片並編織成交錯格子狀鋪在保鮮膜上。

3 將步驟1的壽司飯放在編織好的小黃瓜上。

4 保鮮膜拉起將所有食材包緊成球狀，最後放上一點鮭魚卵即可。

鮭魚卵蛋壽司

1 取適量壽司飯用保鮮膜捏製成圓球狀。

2 雞蛋加點鹽打散後放入平底鍋中煎成蛋皮。

3 蛋皮切成比壽司球高的寬條狀，並環住壽司球。

4 最後放上鮭魚卵即可。

燻鮭魚壽司

1 取適量壽司飯用保鮮膜捏製成圓球狀。

2 保鮮膜上放一塊燻鮭魚，接著將步驟1的壽司飯放在燻鮭魚片上。

3 保鮮膜拉起捏緊成圓球狀。

4 打開保鮮膜在燻鮭魚壽司上撒上一點乾燥巴西利及2條辣椒絲做裝飾即可。

COOKING POINT

這款便當有燻鮭魚及鮭魚卵等生食，為保持新鮮，建議便當放在保冰袋並放入冰寶等保冷劑以維持新鮮。

便當 21

南洋咖哩雞便當

主食：
▪ 蝶豆花飯

主菜：
▪ 咖哩椰奶花生烤雞

副菜：
▪ 酥炸椰子蝦

蝶豆花飯

| 保存方式・時間 | 建議可冷凍保存，3 週內食畢

【材料（4 人份）】

蝶豆花 … 10 朵
泰國米 … 2 杯
水 … 3 1/2 杯
梅味飯料 … 少許（裝飾用）
油 … 少許

【作法】

1 起鍋煮滾水，放入蝶豆花，煮至水呈現藍色且蝶豆花成透明即可關火，取出蝶豆花待涼，備用。

2 泰國米洗淨後放入電子鍋，加入3杯步驟 1 的蝶豆花水，以白米模式烹煮至熟。

3 在花型矽膠膜中塗上薄薄一層油，防止米飯沾黏，裝入蝶豆花飯並壓緊實。

4 將成花型的蝶豆花飯倒出，最後在花中間撒上梅味飯料當作花蕊。

TIP

1, 因為滾煮蝶豆花水時會蒸發水份，所以煮蝶豆花水的水要比煮飯水多一點。

2, 煮好的蝶豆花飯冷卻後可用保鮮膜包覆，分成一碗份量送入冷凍保存，食用前將飯倒入可微波碗中加蓋微波 2-3 分鐘回熱。

原型便當・貝拉嚕那

咖哩椰奶花生烤雞

| 保存方式・時間 | 建議冷藏保存 2 天，食用時回烤加熱

【材料（2 人份）】

去骨雞腿 … 1 支
香菜 … 1 支（裝飾增添風味用）

※ 醃料
花生醬 … 1 大匙
咖哩粉 … 2 大匙
米酒 … 1 大匙
椰奶 … 2 大匙
香菜 … 1 株
椰棕糖 … 2 大匙
鹽 … 1 小匙
黑胡椒粉 … 1/4 小匙
檸檬汁 … 1 1/2 小匙

【作法】

1 去骨雞腿肉切成一口大小的塊狀，備用。

2 取一容器倒入所有醃料調勻，將雞腿肉塊放入醃醬中沾按均勻，放入冰箱醃30分鐘以上。

TIP ——————————
建議可前一晚先行醃製，更入味。

3 烤網塗抹一層油，避免雞肉沾黏。

4 烤箱預熱200℃放上醃好的雞腿肉塊，烘烤約15分鐘。完成後的咖哩椰奶花生烤雞肉用竹叉串起，最後撒上切末香菜增添風味。

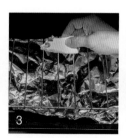

（副菜） # 酥炸椰子蝦

【材料（2 人份）】

帶尾大蝦仁 … 12 隻
低筋麵粉 … 1 杯
雞蛋 … 1 顆
椰子粉 … 1 杯
耐熱油 … 適量（鍋深約 1.5cm）

◎ 醬料
泰式蝦醬 … 適量

【作法】

1 帶尾大蝦仁沖洗乾淨；取一容器打散雞蛋，備用。

2 每隻蝦仁撒上一層薄薄低筋麵粉，接著依序裹上步驟 1 的蛋液、椰子粉。

3 準備一只油鍋，倒入約深 1.5cm 高的耐熱油，能蓋過蝦子即可。

4 油溫約 175-180℃放入椰子蝦炸至兩面金黃即可起鍋。

5 泰式蝦醬裝入醬料瓶，一起和放涼的酥炸椰子蝦裝入便當盒中即可。

原型便當・貝拉嚕那

───── COOKING POINT ─────

可以在美式賣場買已經去沙腸去殼的冷凍帶尾大蝦仁，節省料理便當菜的時間。這道菜也很適合做便當主菜，烹飪方式可用烤箱或氣炸鍋取代油炸，美味的技巧是椰子粉先和適量的油混拌，讓椰子蝦烤起來更加酥脆。

便當 22

日式炸豬排
紫薯飯糰便當

主食：
▪ 紫薯飯糰

主菜：
▪ 日式炸豬排

副菜：
▪ 秋葵味噌芥末楓糖沙拉
▪ 醃漬梅子蘿蔔
▪ 嫩嫩水煮蛋

紫薯飯糰

| 保存方式・時間 | 建議冷凍保存，2-3 週內食畢

【材料（1 人份）】

白飯 … 300g
紫薯 … 1 條
飯料 … 少許（裝飾增添風味用）

【作法】

1　紫薯放入電鍋中蒸熟後去皮切塊。

2　將去皮紫薯塊輕拌入熱白飯中，讓紫薯保留部分塊狀口感較佳。

3　用保鮮膜將紫薯飯捏成球狀飯糰後，裝入便當盒中，最後撒上飯料裝飾。

TIP

若使用無塗漆木飯盒，可用竹葉或烘焙紙墊在紫薯飯糰下，避免紫薯將木飯盒染色。

原型便當・貝拉嚕那

COOKING POINT

紫薯飯冷卻後可用保鮮膜包覆，分成一碗份量送入冷凍保存，食用前將飯倒入可微波碗中加蓋微波 2-3 分鐘回熱。

主菜

日式炸豬排

| 保存方式 · 時間 |

裹好麵粉、蛋液、麵包粉的豬排可冷凍約 3 個月，
前一晚移至冷藏解凍，當日酥炸即可

【材料（2 人份）】

里肌豬肉 … 2 片
中筋麵粉 … 3 大匙
麵包粉 … 1 杯
雞蛋 … 1 顆
耐熱油 … 適量

▨ 調味料
鹽、黑胡椒粉 … 適量

▨ 醬料
伍斯特醬 … 1 大匙
醬油 … 1 1/2 大匙
糖 … 1 大匙
番茄醬 … 2 大匙
味醂 … 1 1/2 大匙
白芝麻 … 適量

【作法】

1 取一容器打勻雞蛋；里肌豬肉洗淨後擦乾，切斷豬排四周的筋（正反面都要），備用。

TIP
蛋液可加入少許水，讓蛋黃和蛋白容易攪打均勻以便裹附豬排。

2 豬排兩面均勻撒上鹽、黑胡椒粉。

3 依序裹上薄薄麵粉、步驟1的蛋液及麵包粉。

TIP
若沒有現成麵包粉，可將白土司放入攪拌機打成麵包粉，麵粉粗細不用一致，這樣便可享受不同酥脆口感。

4 鍋中倒入耐熱油，待油溫約175-180℃放入豬排，先不要晃動豬排，定型後再翻面。

5 炸至兩面金黃酥脆，油鍋炸聲開始變大，表示肉汁流出，即可起鍋。放置於瀝油架讓炸豬排內部繼續熟透並散熱，最後切成方便食用的大小即可放入便當盒中。

6 所有醬料拌勻後，放入鍋中煮至濃稠即可起鍋淋上豬排，最後撒上白芝麻即可。

TIP
增加豬排醬的濃稠度，能讓醬料停在炸物上不被吸附且保有光澤。

COOKING POINT

可用烤箱取代油鍋，使用烤箱法建議麵包粉事先拌入適當的油炒到金
黃，再裹附豬排，這樣烤起來的日式豬排更加酥脆。

秋葵味噌芥末楓糖沙拉

|保存方式·時間|建議常溫保存，當天食畢

【材料（1 人份）】

秋葵 … 6 支

▧ 醬料

味噌 … 1/4 小匙

日式美乃滋 … 1 大匙

楓糖 … 1 大匙

芥末籽醬 … 1 小匙

【作法】

1 用鹽搓洗掉秋葵表面絨毛，並用刨刀刨掉秋葵蒂頭及粗糙表面。

2 取一容器加入所有醬料後拌勻，備用。

TIP ───────

玉米筍、蘆筍也都適用這款醬料。

3 將秋葵放入滾水中煮至翠綠色後撈起，放入冷水中降溫。

4 將冷卻的秋葵取出擦乾橫切，拌入步驟 2 的醬料中。

醃漬梅子蘿蔔

【材料（4 人份）】

紅蘿蔔 … 100g

白蘿蔔 … 50g

▧ 醬汁

無籽梅 … 2 顆

鹽 … 1 小匙

醋 … 3 大匙

糖 … 1 1/2 大匙

|保存方式·時間|可冷藏保存 1 週

【作法】

1 紅、白蘿蔔洗淨去皮切絲後撒上鹽，靜置約15分鐘把水擠乾。

2 將無籽梅切小塊加入醋、糖並拌入紅、白蘿蔔絲醃漬一晚，即可享用。

【副菜】 **嫩嫩水煮蛋**

【材料（4人份）】

雞蛋 … 4 顆

【作法】

1 蛋殼氣孔處用蛋殼穿孔器打一個洞。

   TIP
   若無蛋殼穿孔器可用圖釘替代。

2 起鍋放入步驟 1 的雞蛋，倒入冷水淹過
   雞蛋約2cm。

3 以中火煮至水滾後關火加蓋，悶6.5-7分
   鐘後取出，放入冰水中降溫。

   TIP
   雞蛋開始加熱時，可用湯匙以同方向的螺旋
   方式攪動雞蛋，可幫助煮出來的蛋黃置中。

4 水煮蛋冷卻後即可剝殼食用。

原型便當・貝拉嚕那

COOKING POINT

也可將白蘿蔔及紅蘿蔔刻成自己喜歡的造型（例如：楓葉、櫻花……等）
再依照此作法醃漬，這樣醃製出微透的蘿蔔花擺在便當裡，可增添吸
睛度。

台式蚵仔麵線便當

主食：
▪ 蚵仔麵線捲

主菜：
▪ 花型蓮藕肉餅

副菜：
▪ 滷味拼盤

蚵仔麵線捲

保存方式·時間 | 建議常溫保存，當天食畢

【材料（1 人份）】

麵線 … 1 束（約 68g）
蚵仔 … 10-15 顆
鹽 … 少許
蔥花 … 適量
小黃瓜 … 1 支
太白粉 … 適量（清洗蚵仔用）

▨ 調味料
麻油 … 1 大匙

【作法】

1 取一容器放入麻油備用。

2 起鍋煮滾水後放入麵線，待水再次滾開，確認麵線熟後立刻關火撈起甩乾。

TIP
麵線很容易熟，水滾後就要注意撈起時機，避免煮得太軟爛。

原型便當·貝拉嚕那

1

2

3 將的步驟 2 麵線放入步驟 1 的容器中，以拉拌的方式讓麵線和麻油拌勻，並讓麵線熱氣散去。

TIP ————————————
若購買的麵線本身比較不鹹，可在拌麻油前在麻油中加入一點鹽。麻油拌麵線要盡量讓麵條熱氣散去，才不會漲大黏成一團。

4 蚵仔撒上適量太白粉輕輕拌勻，接著放到流動水下將蚵仔清洗乾淨。

5 煮麵水再次煮滾後放入步驟4的蚵仔，煮至再次水滾且蚵仔熟後關火撈起，並用少許麻油（份量外）、少許鹽輕輕拌勻備用。

6 小黃瓜洗淨後用刨刀刨成長片狀；麻油麵線用筷子捲成一口份量的大小後，用廚房剪刀剪斷，筷子立著並將麵線推出。

7 用步驟 6 的小黃瓜長片圍住麵線捲。

8 重複完成數個小黃瓜麻油麵線捲後，在每個麵線捲上擺上一隻步驟5的蚵仔並撒上少許蔥花即可。

花型蓮藕肉餅

| 保存方式 · 時間 | 建議可冷凍保存 2 星期，食用前微波 / 蒸加熱

【材料（2 人份）】

細豬絞肉 … 100g
蓮藕末 … 40g
蓮藕 … 1 段
薑片 … 1 片
麵包粉 … 1 大匙
白芝麻 … 少許
片栗粉 … 適量
油 … 適量

◎ 調味料

米酒 … 1 大匙
鹽 … 1/4 小匙
白胡椒粉 … 少許

◎ 醬汁

醬油 … 1 大匙
米酒 … 1 大匙
味醂 … 1 大匙
糖 … 1/2 大匙

【作法】

1 醬汁材料混和；薑切細末，和蓮藕末一起拌入豬絞肉、
麵包粉、米酒、鹽及白胡椒粉，攪拌至絞肉產生筋性，
備用。

1-a

1-b

原型便當 · 貝拉嚕那

COOKING POINT

切蓮藕花時多出的蓮藕碎片可以拌入肉餡裡使用。若要冷
凍保存不讓蓮藕肉餅吸太多醬汁，可以把蓮藕肉餅完全煎
熟，醬汁另外煮濃稠，冷凍前再淋上醬汁。

2 蓮藕切薄片，並在蓮藕洞與洞之間切兩刀呈三角形，將每個角修圓讓蓮藕片成花朵狀。

TIP —————————————————————————————

蓮藕片要切薄片，這樣蓮藕片比較能緊貼肉餡，煎時也不易與肉分離。

3 蓮藕片接觸肉那一面撒上一層薄薄片栗粉，取適量絞肉放在蓮藕片與片之間，稍微施力讓絞肉能擠到蓮藕洞口上。

4 起鍋倒入油，熱油鍋後放上蓮藕肉餅，稍微用鍋鏟壓一壓，讓肉和蓮藕片能黏更緊，煎至蓮藕及肉餡上色。

5 倒入步驟 1 的醬料，煮至醬料濃稠並完全裹附蓮藕肉餅即可起鍋，冷卻後擺入便當盒撒上白芝麻即可。

副菜 **滷味拼盤**

【材料（2 人份）】

三角油豆腐 … 3 塊	▨ 滷汁料
豆干 … 2 塊	水 … 300c.c.
米血糕 … 2 小塊	醬油 … 2 大匙
水煮鳥蛋 … 3 顆	糖 … 1/2 小匙
造型紅蘿蔔 … 2 個	蔥 … 1 支
蔥 … 1 支	蒜頭 … 1 大瓣
辣椒 … 1 條	八角 … 1 顆
油 … 1 大匙	白胡椒粉 … 少許
白芝麻 … 少許	

【作法】

1 用水略沖油豆腐、豆干、水煮鳥蛋，將除造型紅蘿蔔外的所有食材放入鍋中，加入滷汁料拌勻。

2 以中小火滷煮滾後，再續煮10分鐘，接著將造型紅蘿蔔放入滷鍋，續滾5分鐘即可關火。

3 蔥切洗淨細絲、辣椒去籽切小片狀，將油燒熱後淋上，逼出蔥香及辣油味。

4 撈起步驟 2 中的油豆腐，中間切割一刀塞入步驟 3 的油蔥辣椒。

5 等滷味冷卻後放入便當中撒上蔥花，米血糕上撒些許白芝麻增色，並裝一小瓶醬油放入便當盒中。

TIP

為了不讓造型紅蘿蔔滾得太軟導致變形，在最後 5 分鐘放入鍋中即可。

原型便當・貝拉嚕那

COOKING POINT

▨ 此食譜滷汁不多，所以儘量讓食材能平均浸泡在滷汁中。

▨ 若加入豬肉可在滷汁內多加米酒，幫助去腥。

▨ 喜歡吃辣可以在滷汁裡放 1 支辣椒。

便當 24

義式茄汁肉醬麵便當

主食：
· 茄汁肉醬義大利麵

主菜：
· 酥烤義式乳酪飯球

副菜：
· 香煎蒜香白酒帆立貝 / 蝦
· 太陽水煮蛋
· 彩色花椰菜

茄汁肉醬義大利麵

| 保存方式 · 時間 | 建議常溫當天食畢

【材料（1 人份）】

義大利麵 … 1 束

▨ 調味料

帕馬森起司粉 … 適量

鹽 … 適量

▨ 茄汁肉醬料

牛絞肉 … 400g

去皮番茄罐頭 … 1 罐

洋蔥 … 1/2 顆

蒜頭 … 4 瓣

番茄醬 … 1 大匙

白酒 … 1 1/2 大匙

鹽 … 1 小匙

黑胡椒粉 … 適量

義式綜合香料 … 2 小匙

糖 … 1 1/2 小匙

月桂葉 … 1 片

水 … 400c.c.

橄欖油 … 1 大匙

【作法】

1 首先製作「茄汁肉醬」。洋蔥洗淨去皮切丁、蒜頭切片；鍋中倒入橄欖油熱鍋後，放入洋蔥丁炒至透明，再放入蒜片炒香。

2 在步驟 1 中放入牛絞肉炒至表面變色，撒上 1/2 小匙鹽及黑胡椒粉，拌炒均勻後加入白酒續炒。

3 倒入去皮番茄罐頭、番茄醬炒勻，並將水倒入罐頭中，連同罐中番茄糊一起倒入鍋中。

4 加入義式綜合香料、糖、月桂葉拌勻，煮至茄汁肉醬收汁後加入1/2小匙鹽、些許黑胡椒粉調味均勻後關火即可。

5 準備一鍋冷水，水滾後加入適量鹽，將義大利麵放入鍋中，煮至麵芯還有點未熟即可起鍋。

6 接著將取適量步驟 4 的「茄汁肉醬」在平底鍋中加熱，將步驟 5 的義大利麵放入茄汁肉醬中煮至義大利麵條熟後即可。

7 冷卻後裝入便當盒中，撒上帕瑪森起司粉。

COOKING POINT

▨ 「茄汁肉醬」可多煮一點，可分裝冷凍保存約 1 個月，解凍即可烹調使用。

▨ 烹煮時若茄汁肉醬義大利麵醬汁收汁收太快，導致醬汁太乾，可以加一點煮麵水稍微稀釋醬料。

▨ 建議 100g 義大利麵條使用 1L 的水烹煮，煮麵水中鹽的比例約 7g。

酥烤義式乳酪飯球

| 保存方式・時間 | 建議可冷凍保存 3 天，食用前回烤加熱

【材料（3 人份）】

白飯 … 200g
乳酪絲 … 54g
中筋麵粉 … 適量
細麵包粉 … 適量
雞蛋 … 1 顆
番茄醬 … 少許
乾燥巴西利 … 少許

※ 醬料
茄汁肉醬 … 6 大匙
番茄醬 … 1 大匙
濃縮牛奶 … 3 大匙

【作法】

1 取一容器打散雞蛋；乳酪絲分成9份（6g/份），每份分別搓成圓球狀備用。

2 鍋中放入茄汁肉醬、番茄醬及濃縮牛乳煮滾後關火。

TIP ————
濃縮牛乳可以用鮮奶油取代。

3 將白飯拌入醬汁中。

1

2

3

4 取35g的步驟 2 的飯放在保鮮膜中,捏成凹槽狀,再將步驟 1 的乳酪球放入凹槽中,慢慢將飯包覆住乳酪球成圓球狀。

5 將乳酪飯球依序裹上薄薄的中筋麵粉、蛋液及細麵包粉。

6 放入已預熱200℃烤箱中,烘烤15分鐘至表面金黃。

TIP

若要讓乳酪飯球烤起來更加酥脆,可事先在麵包粉裡加入些許油並炒過。也可用油炸取代烤箱烘烤,成更加酥脆的炸義式乳酪飯球。

7 最後在義式乳酪飯球上擠上一點番茄醬,撒上乾燥巴西利增添風味。

TIP

為了避免酥烤飯球表面潮濕,番茄醬可另外裝在醬料瓶中,食用前再淋上。

4-a

4-b

4-c

5

6

香煎蒜香白酒帆立貝 / 蝦

【材料（2 人份）】

帆立貝 … 3 個

帶尾蝦 … 3 隻

白酒 … 1 大匙

橄欖油 … 1/2 大匙

蒜頭 … 2 瓣

奶油 … 5g

乾燥巴西利 … 少許

▨ 調味料

鹽 … 適量

黑胡椒粉 … 適量

| 保存方式‧時間 | 建議常溫保存，當天食畢

【作法】

1 帆立貝及帶尾蝦洗淨後擦乾；蒜頭洗淨去皮切片，備用。

2 熱鍋倒入橄欖油放入蒜片，將帆立貝及帶尾蝦放入鍋中煎至蝦變色。

   TIP

   在家享用可以炒入蒜末和海鮮一起享用，若帶便當建議蒜片煎出香味後即可取出。

3 步驟2放入奶油並撒入適量鹽、黑胡椒粉，煎至海鮮表面微焦色，即可嗆入白酒，收乾後關火起鍋。

   TIP

   奶油溶點低容易燒焦，所以加一點橄欖油可提高溶點。

4 最後撒上乾燥巴西利拌勻即可。

COOKING POINT

冷凍彩色花椰菜也可用水煮方式烹調，但顏色比較容易稀釋到水中。冷凍花椰菜無需解凍即可烹調。也可買新鮮彩色花椰菜或青花菜，洗淨分切後用滾水加少許鹽快速汆燙至偏硬的熟度，撈起泡入冰水中冷卻。接著，擦乾水分冷凍，使用前再放入微波或稍微汆燙即可。

副菜　太陽水煮蛋

【材料（4人份）】

雞蛋 … 4 顆
黑芝麻 … 12 顆
辣椒絲 … 少許

保存方式・時間 ｜ 不剝殼可冷藏保存 1-2 天

【作法】

1 蛋殼氣空處用蛋殼穿孔器打一個洞。

2 將步驟 1 的雞蛋放入鍋中，倒入冷水蓋過雞蛋約2cm。

3 以中火煮至水滾沸關火加蓋，悶6.5-7分鐘後取出放入冰水中降溫。

4 水煮蛋冷卻後即可剝殼。

5 將吸管縱向對剪，呈半圓狀，從水煮蛋中間輕輕穿刺一圈，吸管碰到蛋黃就可抽出，最後將上方的蛋白拿起。

6 在水煮蛋黃上擺上芝麻眼睛、鼻子，辣椒絲剪短，當作眉毛、嘴巴。

副菜　彩色花椰菜

｜保存方式・時間｜ 建議常溫保存，當天食畢

【材料（1人份）】

冷凍有機彩色花椰菜 … 5 朵
酪梨油 … 少許
鹽 … 少許

【作法】

1 冷凍彩色花椰菜放入碗中加蓋微波，600W約3分鐘後取出。

2 將花椰菜上面水分用廚房紙巾擦乾，淋上少許酪梨油並撒上少許鹽拌攪即可。

朝食女孩
大學生的創意便當

88年次的朝食女孩目前是位大四學生,三年前自新竹北上就讀大學,儘管當時的學生宿舍內沒有廚房,朝食女孩依舊很享受扛著鍋具、食材和便當盒到學校餐廳的廚房為自己準備便當的過程。與多數的女大生為維持苗條而注重飲食不同,朝食女孩是為了健康「增重」而不外食,便當裡的大部分菜色都會用APP計算熱量和蛋白質攝取量。

她分析,如果午餐吃學校餐廳,要吃到達增重目標的蛋白質份量成本太高,若自備便當,不但能煮自己喜歡的菜色,也不必在學生餐廳人擠人排隊,更不用將有限的午休時間全花在吃飯這件事上。

「那時沒有料理基礎,常想著怎麼把食材兜在一起,」沒想到朝

食女孩越煮越感興趣，在IG和部落格上分享便當食譜也廣受網友喜愛。她形容看見自己廚藝累積與進步的滿足感，完全不同於讀書考試所帶來的成就感，而是讓她單純感受到快樂與驕傲，朋友生日時特製三明治便當為朋友慶生，或週末返家時為家人燒一桌菜，都是無比的幸福。

就讀陽明大學物理治療系的朝食女孩，相較同年齡的大學生有一份早熟的穩重感，對學業與未來物理治療師目標有自己的堅持和理想；近2年來在自媒體的經營上，從美食、料理部落客起步，藉由不斷參與課程和專案計畫，一步步提升自己，無論是參加自媒體協會課程或是參與本書製作，她都是年紀最小的小妹妹，與平均年齡相差近20歲，「成就感是其次，能夠認真對待我自己擅長和喜歡的事，努力將它變成專業的過程讓我非常開心。」

在朝食女孩的便當菜色中經常發現不常見的獨特食材，例如，屬於原住民傳統調味聖品、俗稱山雞椒或山胡椒的「馬告」，混著薑味、胡椒和些許檸檬香茅氣味的溫和辛辣，朝食女孩說自己因常拜訪美食店家，交流過程中不斷汲取他人的料理經驗，因此對各種新食材的接受度很高。

喜歡創意料理的她，無畏在便當中加入新菜色，她的人生藍圖，也因勇於逐夢與不斷嘗試，走出跨界的生命風景。

便當 25

春日蘋果燒肉便當

主食：
▪ 蘋果風燒肉杏鮑菇

副菜：
▪ 涼拌干絲
▪ 破布子涼拌小芥菜
▪ 梅酒溏心蛋（電鍋版）

蘋果風燒肉杏鮑菇

| 保存方式・時間 | 建議冷藏保存，3 天內食畢

【材料（2 人份）】

梅花豬肉片 … 150g
杏鮑菇 … 1 個
洋蔥 … 1/2 顆
辣椒 … 1/2 根
蔥 … 1 根
蘋果 … 1/4 顆
白芝麻 … 少許

▧ 調味料

黑豆蔭油 … 1 1/2 大匙
米酒 … 1 大匙
味醂 1/2 … 大匙
水 … 1 大匙

【作法】

1 蘋果洗淨去皮後磨泥，加入白芝麻及所有調味料均勻混和，取3/4醃梅花豬肉片。洋蔥洗淨去皮切絲；杏鮑菇洗淨斜切薄圓片；辣椒洗淨去籽切絲；蔥切末，備用。

TIP ────────────
醬料也可加入薑泥、蒜末做口味上的變化。

2 熱鍋倒油炒香洋蔥、杏鮑菇與辣椒，放入步驟1剩下的1/4調味料。

3 洋蔥炒至上色、杏鮑菇出水後轉小火燒微乾，再放入步驟1的豬肉片拌炒至熟，最後加入蔥花即可。

副菜 涼拌干絲

【材料（4人份）】

干絲 … 300g

小黃瓜 … 1 條

紅蘿蔔 … 30g

紅辣椒 … 1 根

小蘇打粉 … 1/3 小匙

※ 調味料

黑豆蔭油 … 1 1/2 大匙

純芝麻油 … 1 大匙

味醂 … 1/2 大匙

柴魚粉和鹽 … 適量

【作法】

1 紅蘿蔔洗淨去皮切絲；紅辣椒洗淨去籽切絲，小黃瓜洗淨切絲，備用。

2 煮一鍋水，待水滾後，汆燙小黃瓜和紅蘿蔔絲2-3分鐘，撈起備用。

3 在步驟2的鍋中放入小蘇打粉和干絲續煮2-3分鐘，舀起放入冷過濾水冰鎮。

4 將干絲、小黃瓜絲、紅蘿蔔絲、紅辣椒絲和調味料拌勻即可。

TIP ———

加入小蘇打粉可以有效軟化干絲。

副菜 破布子涼拌小芥菜

【材料（2人份）】

小芥菜 … 300g

薑絲 … 適量

※ 調味料

破布子 … 2 大匙（含汁）

蔭油 … 1/2 大匙

純芝麻油 … 1/2 大匙

白醋 … 1/2 大匙

【作法】

1 煮一鍋水，待水滾後，汆燙小芥菜2-3分鐘，起鍋後冰鎮切段放入保鮮盒中。

2 所有調味料混和後，與薑絲一起放入保鮮盒中，拌勻即可。冷藏至隔夜風味更佳。

梅酒溏心蛋（電鍋版）

保存方式・時間 建議冷藏保存，5-7天內食畢

【材料（6人份）】

雞蛋 … 6 顆

▧ 醬料

梅酒 … 1/3 杯
黑豆蔭油 … 1/3 杯
冰糖 … 1 大匙
八角 … 2 個
枸杞 … 適量
水 … 2/3 杯

【作法】

1 梅酒除外的所有醬料混和均勻，起鍋以小火煮滾後熄火放涼，再加入梅酒，備用。

2 充分沾濕2張廚房紙巾，放入電鍋底層。

3 清洗室溫蛋，再將雞蛋放入電鍋內，按下烹調鍵。

4 跳起後燜3分鐘，取出放入冰塊水（份量外）中降溫，待完全冷卻後剝殼，備用。

   TIP
   若時間充足，也可先將蛋放入冰箱冷卻1小時再剝殼，提高成功率。

5 取一容器放入步驟 1 和雞蛋，蓋上蓋子，於冰箱靜置泡5小時以上即可。

山味飯糰野餐便當

主食
- 雙色牛肉卷

主菜
- 黑芝麻飯糰
- 甜菜根紫蘇梅飯糰

副菜
- 涼拌小番茄
- 醋溜雲耳
- 蒜炒培根高麗菜芽
- 梅酒溏心蛋

雙色牛肉卷

| 保存方式·時間 | 冷藏保存 3 天

【材料（2 人份）】

牛肉片 … 1 盒
豆苗 … 1/2 盒
金針菇 … 1/2 包

▧ 調味料
醬油 … 1 大匙
味醂 … 1 大匙
水 … 1 大匙
七味粉 … 少許

【作法】

1 豆苗、金針菇洗淨切段，長度約比肉片寬多
1.5cm。取一塊牛肉片，鋪上適量豆苗於牛肉
片上，往前捲起。另取牛肉片和適量金針菇，
同步驟 2 般捲起。

TIP
金針菇也可先汆燙或微波至半熟再裹入。

2 熱鍋倒油，牛肉卷接合口向下放置，以小火煎
至肉變色後翻面續煎。

3 倒入醬油、味醂和水，蓋上鍋蓋燜煮1分鐘。

4 稍微翻動肉卷讓醬料均勻裹在表面，待醬料收
汁後盛起，撒上七味粉調味即可。

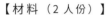

黑芝麻飯糰
甜菜根紫蘇梅飯糰

| 保存方式・時間 | 建議冷藏保存，3 天內食畢

【材料（2 人份）】

飯 … 2 碗
甜菜根 … 1/2 小顆

※ 調味料

黑芝麻粉 … 2 大匙
檸檬胡椒粉 … 1 小匙
孜然粉 … 1 小匙
馬告（山胡椒）… 3 粒
鹽 … 少許
芝麻油 … 1 大匙
紫蘇梅 … 5 顆
白芝麻 … 少許

【作法】

1 取一容器放入白飯，再加入所有調味料混拌均勻。

2 用保鮮膜捏成球狀即可。

3 白米洗淨；甜菜根去皮切碎；紫蘇梅切碎，備用。

4 所有食材、調味料與米混和後放入電鍋內鍋，製作成炊飯。

5 用保鮮膜捏成球狀即可。

副菜　涼拌小番茄

【材料（4 人份）】

小番茄 … 150g

※ 調味料

日式醬油 … 1/2 大匙
蜂蜜 … 1/2 大匙
檸檬 … 1/2 顆
白芝麻 … 適量

【作法】

1 小番茄洗淨後去蒂對切。

2 取一帶蓋容器，放入小番茄後拌入調味料，蓋好冷藏半小時即可。

3 要食用時可以撒上些許白芝麻。

| 保存方式・時間 | 建議冷藏保存，5 天內食畢

醋溜雲耳

【材料（4 人份）】

雲耳 … 100g
紅辣椒 … 1 根
蒜末 … 適量

※ 調味料

蔭油膏 … 1 大匙
蠔油 … 1 大匙
純芝麻油 … 1/2 大匙
白醋 … 1/2 大匙
味醂 … 1.5 大匙

【作法】

1 紅辣椒洗淨去籽切末，備用。

2 煮一鍋水，待水滾後放入洗淨後的
雲耳2分鐘，舀起瀝乾水分。

3 拌入蒜末、調味料以及步驟 1 的辣椒
末即可。

副菜 # 蒜炒培根高麗菜芽

【材料（2 人份）】

高麗菜芽（中型）… 5 顆
培根 … 2 片
蒜頭 … 2 顆
水 … 2 大匙

※ 調味料

橄欖油 … 適量
義大利綜合香料 … 少許

【作法】

1 高麗菜芽洗淨後縱切；蒜頭洗淨後去皮切片；培根
切碎末，備用。

TIP
高麗菜芽也可用孢子甘藍替代。

2 熱鍋倒油爆香蒜片後，放入高麗菜芽拌炒1分鐘。

3 放入一半培根，加入水2大匙，中火續炒3分鐘。

4 放入剩下的培根，大火略為拌炒1分鐘即可。

原型便當‧朝食女孩

便當 27
抗氧化鮭魚炊飯便當

主食：
- 鮭魚蔥飯

副菜：
- 味噌豆腐茄子煮
- 番茄酪梨烘蛋
- 和風青花菜

鮭魚蔥飯

| 保存方式‧時間 | 建議冷藏保存，3 天內食畢

【材料（1 人份）】

鮭魚菲力 … 1 塊 150g
蔥 … 1 支
白米 … 1/2 杯
水 … 1/2 杯
（白米與水的比例約為 1:1）

❋ 調味料
醬油 … 1/2 大匙
柴魚、香鬆 … 少許

【作法】

1 半杯米洗淨；蔥洗淨切末備用。

2 鮭魚略為沖洗後用廚房紙巾壓乾表面，放入烤箱中烤半熟。

3 電子鍋放入米、步驟 2 的鮭魚、醬油和水一起炊煮。煮好後撒上柴魚和香鬆拌勻。

TIP ────────────
也可使用電鍋代替電子鍋，於外鍋加一杯水烹煮即可。

4 食用時盛到碗上撒上蔥花即可。

原型便當‧朝食女孩

味噌豆腐茄子煮

【材料（4 人份）】

茄子 … 1 條
小油豆腐 … 8 塊
牛番茄 … 1 顆

※ 調味料
濃味噌 … 1 大匙

【作法】

1 茄子和牛番茄洗淨去蒂切塊；油豆腐切小塊。

2 冷鍋倒入油和茄子，蓋上鍋蓋，開中火燜1分鐘。

3 開啟鍋蓋，加半碗水再蓋鍋燜1分鐘。

4 放入牛番茄和油豆腐，加水淹過食材，再放1大匙濃味噌，待番茄軟透即可。

副菜 # 和風青花菜

【材料（2 人份）】

青花菜 … 1/2 顆

※ 調味料
日式醬油 … 1 大匙
白醋 … 1 大匙
純芝麻油 … 1 大匙
味醂 … 1 小匙
薑泥 … 1 小匙
白芝麻 … 少許

【作法】

1 青花菜去梗皮，切成小朵狀，少一鍋滾水，汆燙3分鐘。

2 將步驟 1 泡冷水降溫，瀝乾水分後拌入調味料即可。

(副菜) # 番茄酪梨烘蛋

【材料（2人份）】

雞蛋 … 2 顆
番茄 … 1 顆
洋蔥 … 1/4 顆
酪梨 … 1/4 顆

▨ 調味料
牛奶 … 2 大匙
鹽、黑胡椒粉、義大利香料 … 少許

【作法】

1 牛番茄、洋蔥、酪梨洗淨後，牛番茄去蒂切丁；洋蔥去皮切丁；酪梨挖出果肉後切丁；取一容器將雞蛋打入拌勻並加入牛奶，備用。

TIP ————————————
牛奶可依個人喜好換成杏仁奶、燕麥奶或豆漿。

2 熱鍋倒油放入步驟 1 的番茄和洋蔥炒軟，撒上所有調味料調味，最後再加入酪梨丁拌炒30秒。

3 倒入步驟 1 中的蛋液，用筷子輕輕畫圓的讓蛋液均勻平舖在鍋上，蓋上鍋蓋以小火燜煮5分鐘。

4 打開鍋蓋，翻面煎2分鐘即可。

原型便當・朝食女孩

冬日番茄
燉魚便當

主菜：
▪ 番茄燉魚

主食：
▪ 奶油蒸馬鈴薯

副菜：
▪ 南瓜炒蛋
▪ 美乃滋照燒香菇
▪ 清炒芥蘭花

番茄燉魚

| 保存方式・時間 | 建議冷藏保存，2 天內食畢

【材料（1 人份）】

鮭魚 ⋯ 1 片
整粒去皮番茄 ⋯ 1 罐
蒜末 ⋯ 2 瓣份
白酒或米酒 ⋯ 2/3 杯
水 ⋯ 1 杯

◎ 調味料

鹽、太白粉 ⋯ 適量
月桂葉 ⋯ 1 片
黑胡椒粉、鹽 ⋯ 少許

【作法】

1 魚肉用廚房紙巾吸乾水分後，雙面抹上鹽和適量太白粉，放入平底鍋中，以少許油煎至表面金黃，盛起備用。

2 同一鍋中爆香蒜末後，加入番茄罐頭拌炒1分鐘，再放入步驟 1 的魚片。

3 放入白酒和月桂葉，以中火燉煮3分鐘後加水。

4 蓋上鍋蓋以小火燜煮20分鐘，起鍋前放入黑胡椒粉調味即可。

原型便當・朝食女孩

COOKING POINT

這道料理很適合各種白肉魚，建議大家可以找出自己喜歡的魚來嘗試。

主食

奶油蒸馬鈴薯

| 保存方式・時間 | 建議冷藏保存 3 天

【材料（2 人份）】

澳洲馬鈴薯 ⋯ 2 顆
水 ⋯ 2 杯

▨ 調味料
無鹽奶油 ⋯ 10g
義大利香料 ⋯ 少許

【作法】

1 馬鈴薯洗淨後擦乾水分，可依喜好選擇去皮與否。

2 馬鈴薯放入電鍋內鍋，外鍋加2杯水，跳起後再續燜5分鐘。

3 取出馬鈴薯，表面劃十字不切斷，中間擺上一塊無鹽奶油，再撒上義大利香料即可。

副菜 # 南瓜炒蛋

【材料（4 人份）】

南瓜 ⋯ 半顆   ▨ 調味料
牛奶 ⋯ 1/3 杯   鹽 ⋯ 適量
雞蛋 ⋯ 2 顆

【作法】

1 南瓜洗淨後去籽切塊蒸熟，備用。

2 取一容器拌勻牛奶、雞蛋和鹽。

3 熱鍋快炒步驟1的南瓜，加入步驟2的蛋液後靜置，待蛋液六、七分熟時快速翻炒至熟即可。

TIP ————

拌炒時可將南瓜壓碎，提升口感和味道的融合度。

| 保存方式・時間 | 建議冷藏保存，3 天內食畢

美乃滋照燒香菇

【材料（2 人份）】

香菇 … 200g

▨ 調味料

醬油 … 1 大匙
米酒 … 1 大匙
蜂蜜 … 1/2 大匙
低脂美乃滋 … 1/2 大匙
水 … 1 大匙
白芝麻 … 適量

【作法】

1 香菇不用洗直接去蒂頭，蕈傘劃十字；取一
容器混和調味料，備用。

2 熱鍋乾煎步驟 1 的香菇至出水，加入混勻的
調味料，起鍋後撒上白芝麻即可。

｜保存方式 · 時間｜建議冷藏保存，3 天內食畢

原型便當 · 朝食女孩

｜保存方式 · 時間｜建議冷藏保存，3 天內食畢

副菜 # 清炒芥蘭花

【材料（4 人份）】

芥蘭花 … 200g

▨ 調味料

鹽 … 適量

【作法】

1 芥蘭花洗淨後切除梗頭，分開莖和
葉。莖斜刀切小塊備用。

2 熱鍋倒油，先放莖部中火拌炒稍
軟，再加入芥蘭花葉一起炒軟，最
後以鹽調味即可盛盤。

便當 29

夏日乾咖哩雞便當

HELLO KITTY

主菜：
▪ 青江菜乾咖哩雞

主食：
▪ 白飯

副菜：
▪ 毛豆玉米炒蛋
▪ 巴薩米克醋菇菇
▪ 金平蘿蔔絲
▪ 無限青椒

【主菜】

青江菜乾咖哩雞

| 保存方式・時間 | 建議冷藏保存，3 天內食畢

【材料（1 人份）】

雞胸肉 … 半副
洋蔥 … 半顆
牛番茄 … 1 顆
青江菜 … 2 株
蒜頭 … 2 瓣
薑泥 … 少許

※ 調味料

㊀ 印度咖哩粉 … 1 1/2 大匙
　孜然粉 … 1 小匙
　卡宴辣椒粉 … 2 小匙
　純可可粉 … 1 小匙
　肉桂粉 … 適量

㊁ 橄欖油 … 1 大匙
　鹽、黑胡椒粉 … 適量

【作法】

1 洋蔥、蒜頭和青江菜洗淨後，洋蔥與蒜頭去皮分別切成1cm小丁與拍碎；青江菜切成1cm小丁，備用。

2 手切雞胸肉或使用絞肉機絞成碎肉。熱鍋後，放入1大匙橄欖油炒軟洋蔥，再加入雞絞肉拌炒。

3 在步驟3中倒入青江菜蒜末、薑泥和調味料㊀。

4 待青江菜半熟、鍋內收汁後，以適量鹽、黑胡椒粉調味即可盛盤。

原型便當・朝食女孩

毛豆玉米炒蛋

【材料（3 人份）】

玉米粒 … 半罐（150g）

毛豆 … 100g

雞蛋 … 2 顆

蔥 … 半支

※ 調味料

鹽 … 1/2 小匙

黑胡椒粉 … 少許

【作法】

1 蔥洗淨切末；毛豆仁洗淨汆燙2分鐘盛起，備用。

2 取一容器，將雞蛋和鹽拌勻。

3 熱鍋倒入少許油，爆香蔥末，加入玉米粒和毛豆仁拌炒。

4 倒入步驟 3 的蛋液快速炒至半凝固狀，關火撒上黑胡椒粉，拌勻至喜歡的熟度即可。

副菜 # 巴薩米克醋菇菇

【材料（4 人份）】

柳松菇 … 150g

洋菇 … 200g

蒜頭 … 2 瓣

※ 調味料

巴薩米克醋 … 2 大匙

橄欖油 … 1 大匙

義大利香料 … 適量

鹽 … 少許

【作法】

1 菇類去除根部，撥開洗淨切成適口大小；蒜頭洗淨去皮切末，備用。

2 熱鍋倒橄欖油中火爆香蒜末，放入菇類拌炒至出水後轉小火。

3 加入巴薩米克醋，蓋上鍋蓋燜煮至收汁，起鍋前撒上義大利香料及鹽拌勻即可。

金平蘿蔔絲

【材料（2人份）】

紅蘿蔔 … 1 根　　　　醬油 … 1 大匙
毛豆仁 … 1/3 杯　　　味醂 … 1 大匙

▨ 調味料　　　　　　清酒（或米酒）… 1 大匙
純芝麻油 … 1 大匙　　糖 … 1 大匙
　　　　　　　　　　白芝麻 … 1 大匙

【作法】

1 紅蘿蔔洗淨去皮切絲備用。

2 熱鍋倒入純芝麻油，放入毛豆仁拌炒30秒，
　再加入紅蘿蔔絲炒軟。

3 加入剩下的調味料，炒至水分收乾，最後再撒
　上白芝麻即可。

TIP

「金平」是日本居酒屋中的人氣菜餚，通常以紅
蘿蔔絲搭配牛蒡，也可加入馬鈴薯丁、白蘿蔔絲
等創造不同口感。

無限青椒

【材料（2人份）】

青椒 … 1 顆

▨ 調味料

純芝麻油 … 1/2 大匙
日式醬油 … 1 大匙
黑胡椒粉、柴魚片 … 適量

【作法】

1 青椒洗淨對剖去芯，並斜切
　成薄片。

2 將步驟1放入微波爐微波2-3
　分鐘，瀝乾水分後拌入調味
　料即可。

秋日藜麥照燒雞便當

主食：
- 蒟蒻芋頭炊飯

主菜：
- 藜麥蜂蜜照燒雞

副菜：
- 煎櫛瓜
- 柚子醬炒黃豆高麗菜

【主食】

蒟蒻芋頭炊飯

| 保存方式・時間 | 建議冷藏保存，3 天內食畢

【材料（1 人份）】

白米 … 半杯
芋頭塊 … 100g
紅蔥頭 … 3 瓣
蒟蒻 … 半包
紅蘿蔔 … 30g

▨ 調味料

醬油 … 1/2 大匙
米酒 … 1/2 大匙
蔥花 … 適量

【作法】

1　芋頭洗淨去皮切塊；紅蘿蔔洗淨去皮切丁；紅蔥頭洗淨去皮切片，備用。

2　熱鍋倒油爆香紅蔥頭，接著放入芋頭炒至微金黃。

3　在步驟 2 中倒入蒟蒻和調味料拌炒均勻。

4　電子鍋放入半杯米與半杯水，鋪上炒好的食材炊煮。要食用時，撒上蔥花末即可。

原型便當・朝食女孩

COOKING POINT

這道菜也很適合加入皮蛋丁一起炊煮，風味獨特。

藜麥蜂蜜照燒雞

| 保存方式・時間 | 建議冷藏保存，3 天內食畢

【材料（1 人份）】

雞胸 … 半副（約 150g）
蘆筍 … 半把
藜麥 … 1 大匙

※ 調味料

醬油 … 2 大匙
米酒 … 1 大匙
味醂 … 1 大匙
蜂蜜 … 1 大匙
太白粉 … 適量

【作法】

1　雞胸切丁，放入所有調味料抓醃，冷藏靜置 30 分鐘。

2　蘆筍洗淨削粗皮切段，煮一鍋滾水，汆燙1分鐘盛起備用。

3　另起鍋，開中火倒入橄欖油，將步驟 1 的雞丁煎至雙面變色。

4　在步驟 3 中放入步驟 2 的蘆筍拌炒，倒入藜麥續炒均勻，起鍋撒上白芝麻提味即可。

煎雙色櫛瓜

【材料（2 人份）】

綠櫛瓜 … 1 條　　※ 調味料
黃櫛瓜 … 1 條　　鹽 … 少許

【作法】

1 櫛瓜洗淨，帶皮切成0.7cm厚的圓片狀。

2 熱鍋倒油，平鋪櫛瓜，蓋上鍋蓋燜煎2分鐘。

3 開鍋蓋，翻面煎至兩面微焦即可。

TIP
沾上蛋液再煎，更容易成功。

|保存方式・時間｜建議冷藏保存，2天內食畢

副菜 柚子醬炒黃豆高麗菜

【材料（3 人份）】

高麗菜 … 1/4 顆　　※ 調味料
蒜頭 … 2 瓣　　　　醬油 … 1/2 大匙
黃豆 … 50g　　　　白醋 … 1 大匙
　　　　　　　　　烏醋 … 1 大匙
　　　　　　　　　柚子醬 … 1 大匙
　　　　　　　　　鹽 … 適量

【作法】

1 黃豆洗淨後泡水1天，電鍋蒸熟後備用。

TIP
也可購買現成的蒸黃豆，或使用黃豆胚芽代替。

2 高麗菜洗淨剝成小塊、蒜頭洗淨去皮切片，備用。

3 熱鍋爆香蒜片，加入高麗菜片和醬油拌炒。

4 待步驟**3**炒至八分熟時加入白醋、烏醋、柚子醬和步驟**1**的黃豆，拌炒食材全熟，加入些許鹽調味即可。

|保存方式・時間｜建議冷藏保存，3天內食畢

小魏
為健康而堅持的減醣便當

近年來減醣幾乎成為瘦身、健身人士的飲食新顯學，冷便當社出現越來越多減醣便當，其中小魏的便當顯得特別美味大器。平常會戴著棒球帽身穿帽T，泡健身房練重訓，休假時還會和朋友上山下海溯溪泛舟，完全看不出她已是二位唸大學的孩子的媽。充滿活力的小魏聊到做便當的初心，竟然是一場長達半年的莫名病痛。

3年前的某一天，小魏去拜訪客戶，走樓梯至二樓辦公室，短短20多階的階梯爬不到一半，突然眼前一片漆黑，頭暈目眩且上氣不接下氣，就在當下，她驚覺身體出了狀況。爾後整整半年，都在跑醫院做身體檢查，從心臟血管科看到大腸科，還因血尿血便而做大腸鏡檢查，後來婦科劇痛，檢查報告上竟發現腫瘤，小

魏說：「心想完蛋了，我還不到40歲啊！」這是她人生第一次正視到年紀與健康的問題。

醫生建議她從運動和飲食調理身體，小魏毅然決然走進健身房，開始核心和健力三項訓練，並由健身教練嚴控三餐飲食，當時習慣外食的她，發現除非自己準備便當，不然幾乎不可能達到飲食控管的標準。起初她吃了一整年的沙拉餐，身體不適的症狀竟明顯改善，這樣的變化進一步激勵她報名冷便當製作課程，後來又因減醣作家花花老師推薦而加入冷便當社，逐步掌握冷便當知識和減醣技巧後才發現，可以吃飽又吃到營養的減醣便當，正是她的出路，徹底實行一年後，病痛竟不藥而癒。

現今許多健身的人對蛋白質攝取量和熱量錙銖必較，「生活已經夠苦了，實在不需要這樣嚴厲，」她認為減醣便當的重點應掌握澱粉、蛋白質和蔬菜份量為「1：2：3」的比例原則，「吃自己喜歡吃的，讓自己開心點才能持續下去。」她建議大家不要一味模仿，而是要找到適合自己的步調和方法。

小魏回憶自己從大二開始半工半讀，婚後不但背著孩子跑工地監工，還得負責家裡營造公司會計軋票的壓力，10多年來都處在第一線高壓的工作環境。她說過去壓力大時常暴飲暴食，多虧做便當和運動讓她找回了健康，還在社團結識了多位會督促自己做便當的知心朋友，「滿滿的開心事，」她笑說：「現在已經是不做便當不行了。」

便當 31

鮭魚排便當

主食：
▪ 十穀米

主菜：
▪ 香煎鮭魚排

副菜：
▪ 海苔玉子燒
▪ 涼拌蘆筍
▪ 鹽烤三色椒

▨ 鮭魚油有豐富的營養

煎完鮭魚油豐富 Omega-3 不飽和脂肪酸，是非常棒的天然油，可以將
蘆筍或是青花菜下鍋拌炒，就是一道非常棒的增肌減脂料理。

香煎鮭魚排

| 保存方式・時間 | 建議冷藏保存，1 天內食畢

【材料（1 人份）】

鮭魚 … 半塊

✎ 調味料
海鹽 … 1/2 小匙
黑胡椒粉 … 適量

【作法】

1 鮭魚排稍微洗淨後，用廚房紙巾將表面水分擦乾。

2 鮭魚排兩面均勻抹上海鹽及黑胡椒粉後，靜置約15分鐘。

3 取一平底鍋不放油，開中火等鍋子有熱度後即可魚皮朝下放入鮭魚片。轉中小火，鮭魚會慢慢釋出油，可依鮭魚的厚度調整煎的時間。用鍋鏟稍微翻起魚片邊緣，待魚呈金黃色澤即可翻面。

TIP
煎魚過程中不要隨意翻動魚，以免魚黏鍋。

  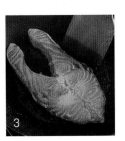

主食 十穀米

| 保存方式・時間 | 建議冷藏保存 2 天、冷凍 1 週內食畢

【材料（2 人份）】 十穀米 … 2 杯

【作法】

1 晚上將2杯十穀米洗淨後瀝乾，加入3杯水進電子鍋。

2 預設烹煮時間。（我通常設定早上4:30，順便讓米泡水，5:30起床時飯也剛好煮好）

TIP
米入電鍋時可加 3-4 滴沙拉油，除了使飯不沾鍋外，還會讓飯吃起來更 Q 彈唷。

海苔玉子燒

【材料（2 人份）】

雞蛋 … 2 顆

水 … 10g

無調味海苔 … 2 片

▨ 調味料

雞蛋 … 2 顆

水 … 10g

無調味海苔 … 2 片

| 保存方式·時間 | 建議冷藏保存，1 天內食畢

【作法】

1 雞蛋加入水及調味料，充分打散。

2 中火熱鍋，用小刷子將鍋內均勻刷上油（份量外）。

3 倒入蛋液，輕搖鍋子讓蛋液均勻布滿鍋子，待約6分熟後，將海苔裁剪成適當大小，並鋪在蛋液上。

4 用鍋鏟開始由下而上地向前翻捲，重複幾次，到方便食用的蛋捲大小即可。

TIP ————————————

第一層蛋皮，翻妥後，將蛋捲推到鍋子最外緣，再倒入第二層蛋液，這時可用筷子稍微翻起第一層蛋捲，抬起鍋柄，讓蛋液充分流滿整個鍋底，再開始捲第二層蛋捲。

COOKING POINT

▨ 若用鍋鏟稍微按壓蛋捲約 20 秒，再翻面，會看到蛋成外層有虎皮的紋路喔。

▨ 若想要圓形蛋捲，建議使用壽司卷竹簾，鋪上保鮮膜，放上蛋捲，比照捲飯捲的方式，最後在外面綁上橡皮筋待涼。

▨ 海苔蛋捲不建議海苔鋪到 5 層，會搶味，反而吃不到蛋的美味。

涼拌蘆筍

【材料（2 人份）】

綠蘆筍 … 1 把

▨ 調味料
鹽 … 1 小匙

▨ 醬料
巴薩米克醋 … 1 小匙
初榨橄欖油 … 1 大匙
海鹽 … 少許

【作法】

1 蘆筍洗淨後去除粗皮和較老的部位，再用削皮刀去外皮。

2 煮一鍋水，放入鹽，待水滾後放進蘆筍煮約2分鐘。

3 同時準備一盆冷開水並放進冰塊，備用。

4 待步驟 2 的蘆筍略轉透明色即可撈起，放進步驟 3 的冰水中冰鎮。

5 冰鎮蘆筍的同時，將初榨橄欖油、巴薩米克醋及少許海鹽調勻。

6 步驟 4 的蘆筍切成易入口的長度，將步驟 5 的醬料淋在蘆筍上即可。

副菜 # 鹽烤三色椒

【材料（2 人份）】

青椒 … 1/2 顆
紅黃椒 … 各 1/2 顆

▨ 調味料
海鹽、白胡椒粉 … 少許

【作法】

1 三色椒分別洗淨去芯，切成需要的方塊狀（或條狀）。

2 烤箱預熱3分鐘，放入三色椒，烤約3分鐘後，翻面續烤3分鐘。

TIP
烤三色椒的時間無須太久，可以保留原有的口感。喜歡軟一點口感的人就再多烤 5 分鐘。

3 打開烤箱蓋，撒上海鹽及白胡椒粉，再續烤約1分鐘即可。

透抽飯捲便當

主食：
▪ 蒸地瓜

主菜：
▪ 透抽飯捲

副菜：
▪ 糖醋豆皮皇帝豆
▪ 牛奶蛋捲
▪ 燙青江菜

透抽飯捲

| 保存方式 · 時間 |

建議冷藏保存 1 天、冷凍 1 週，食用前用微波爐或大同電鍋加熱

【材料（2 人份）】

透抽頭 … 2 隻
紅蘿蔔丁 … 適量
冷凍毛豆 … 適量
糙米 … 適量
（依透抽大小調整）
牙籤 … 24 根（封口用）

▧ 調味料
鹽、白胡椒粉 … 適量

【作法】

1 燒一鍋水，汆燙透抽頭、紅蘿蔔和毛豆，紅蘿蔔燙熟後切成小丁備用。透抽身體稍微汆燙過後定型，以利後續塞飯。

TIP ───────
賣場賣的「冷凍毛豆」，進熱水中燙 60 秒即可起鍋，放進冰水中冰鎮可維持翠綠色。燙太久則會影響口感。

2 將步驟 **1** 的透抽頭丁、紅蘿蔔丁、毛豆丁及糙米飯拌勻，並加入調味料。

3 步驟 **2** 的料塞進透抽身體內，約8分滿後再用牙籤封口，放進電鍋內蒸熟。食用前放涼切片即可。

TIP ───────
飯塞進透抽內時要盡量塞密、扎實，切片時才不會散開；但請避免塞太滿，以免蒸的過程中飯會爆出來。

蒸地瓜

| 保存方式・時間 |
建議冷藏保存 1 天、冷凍 1 週，食用前電鍋加熱即可

【材料（1 人份）】　地瓜 … 300g

【作法】

1　地瓜洗淨後不去皮，備用。

2　大同電鍋內放入架子，並放上盤子。外鍋倒入一杯水。將洗淨後的地瓜放到鍋內盤子上並按下開關，待開關自動跳起即可。

COOKING POINT

用大同電鍋蒸地瓜，水加入的份量，必須依照地瓜品種及是否切塊決定。若採用栗子地瓜、日系豪門地瓜口感綿密札實的品種，外鍋水的份量為 1 1/2-2 杯。

糖醋豆皮皇帝豆

【材料（2 人份）】

豆皮 … 12 片	番茄醬 … 2 大匙
皇帝豆 … 1 碗	泰式醬 … 1 大匙
橄欖油 … 1 大匙	水 … 2 大匙
	鹽 … 1 小匙

◎ 醬料【糖醋醬】
冰糖 … 1 大匙

| 保存方式・時間 | 建議冷藏保存，2 天內食畢

【作法】

1　豆皮洗淨切成方塊狀；皇帝豆洗淨，備用。

2　煮一鍋熱水，放入皇帝豆，煮約1分鐘，待皇帝豆略膨起轉色，即撈起 備用。

TIP
皇帝豆可以先用水煮再開始料理，食用時口感會更為鬆軟。

3　熱鍋倒入一大匙橄欖油，小火煎豆皮至呈略金黃酥脆即可起鍋備用。

4　同一個油鍋下步驟 2 的皇帝豆，加點水，中小火煮到皇帝豆略轉色，倒入糖醋醬，轉小火慢煮。

5　放入步驟 3 的豆皮與皇帝豆一起拌炒，小火煮到略收汁即可。

COOKING POINT

若季節剛好沒有皇帝豆，也可以用毛豆仁取代，也是一道富含植物性蛋白質的優質料理。

牛奶蛋捲

【材料（2 人份）】

雞蛋 … 2 顆　　▨ 調味料
牛奶 … 10g　　砂糖 … 1 小匙
水 … 適量　　鹽 … 1/2 小匙

【作法】

1 雞蛋加入水及調味料，充分打勻。

2 熱鍋，用小刷子將鍋內均勻刷上油。

3 倒入步驟 1 的蛋液，輕搖鍋子讓蛋液布滿鍋子，待約6分熟後用鍋鏟開始翻捲，重複幾次，到想要的蛋捲大小即可起鍋。

4 備好的竹簾鋪上保鮮膜，將蛋捲置中放在靠身體側，竹簾向前捲起，在竹簾左右端纏上橡皮筋固定。

5 待蛋捲放涼即可鬆開，再切成需要的厚度即可。

TIP ─────

纏繞橡皮筋時左右的鬆緊度務必一致，就會捲出圓圓造型玉子燒。

原型便當・小魏

燙青江菜

【材料（2 人份）】

青江菜 … 4 株　　▨ 調味料
　　　　　　　　海鹽 … 1/2 小匙
　　　　　　　　胡桃油 … 1 小匙

【作法】

1 青江菜洗淨後備用，一旁準備一鍋冰開水。

2 煮一鍋水，水滾後放入青江菜，氽燙約60秒即可起鍋。

3 青江菜放入備好的冰開水中冰鎮，待青江菜涼了後即可撈起，並將水弄乾。

4 最後撒上一點海鹽及淋上胡桃油即可食用。

便當 33

雞腿排便當

主食：
- 鷹嘴豆糙米長米飯

主菜：
- 香煎雞腿排

副菜：
- 櫛瓜麵
- 蛋鬆
- 燙青花菜

鷹嘴豆糙米長米飯

| 保存方式 · 時間 |

建議冷藏保存 1 天、冷凍 1 週，蒸熱即可食用

【材料（1 人份）】

乾鷹嘴豆 ⋯ 1/2 杯

糙 ⋯ 米 1 杯

長米 ⋯ 1/2 杯

【作法】

1 鷹嘴豆、糙米及長米洗淨後，把水瀝乾。

2 「鷹嘴豆+糙米+長米」與「水」，比例為1：1.3。放入電子鍋，按下預約時間（可設定為隔天起床時間前1個小時）。

3 飯好了後，開鍋蓋，用飯勺翻動，可讓米飯更好吃。

▨ 鷹嘴豆的營養價值

鷹嘴豆內含豐富植物蛋白與多種胺基酸、粗纖維、維生素及鈣、鎂、鐵等礦物元素，營養價值相當高，被視為追求低脂高營養飲食者的「超級食物」，非常適合健身者、老人和小孩，或是缺乏蛋白質的素食者食用。其他煮法如將鷹嘴豆泥混和蒜頭、洋蔥、香菜、茴香粉、少許油脂、胡椒粉以及辣椒粉等揉製成球狀後，氣炸或油炸即可完成。或將五顏六色自己喜愛的蔬菜、根莖類切成丁狀，拌上鷹嘴豆泥，隨性撒上堅果，就是兼具口感與顏值的鷹嘴豆泥沙拉。

COOKING POINT

乾鷹嘴豆需要預先泡一夜水，待泡發後再跟飯一起炊煮。如果沒有　先泡發，也可在電鍋內跟糙米、長米一起浸泡一夜再煮。泡發後的鷹嘴豆可以裝夾鏈袋或密封罐內，冷凍起來備用。使用前再解凍或是大同電鍋蒸一下即可食用或做成其他料理。

主菜

香煎雞腿排

| 保存方式 · 時間 |

建議冷藏保存 1 天、冷凍 1 週，食用前微波爐加熱

【材料（1 人份）】

帶骨雞腿排 … 1 隻
橄欖油 … 少許

※ 調味料
白胡椒粉 … 1 大匙
鹽 … 1 大匙
米酒 … 1 大匙

【作法】

1 帶骨雞腿排略沖，用廚房紙巾擦乾表面水分，避免下鍋時噴油。

2 雞腿排上劃幾刀，把筋絡切斷，將白胡椒粉、鹽、米酒均勻抹在雞腿上，並靜置10分鐘待入味。

TIP

雞腿排下鍋時先劃刀切筋，可避免雞肉加熱後收縮變形，但也不可把整隻雞腿切開再煎，以免肉汁流失。起鍋前可以用筷子戳一下雞肉背面，容易穿過就表示熟了。

3 鍋內倒入少許油，帶皮面朝下放入雞腿排，小火慢煎約5分鐘，輕微搖晃鍋子，待雞腿排可滑動，即翻面續煎，煎到雞腿排皮面略呈現金黃色澤，雞肉轉白即可。

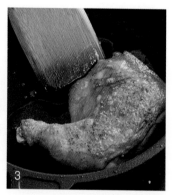

COOKING POINT

若想煎出金黃色澤雞腿排，建議不要使用醬油，醬油受熱易燒焦，容易讓雞排看起來黑又焦，不夠漂亮。若是使用不沾鍋，可以不用倒油。雞油可說是香煎雞腿排的精華，多餘的雞油可以用來炒青菜、拌飯、拌麵都很美味。

保存方式・時間 ｜ 建議冷藏保存，1 天內食畢

原型便當・小魏

副菜 # 櫛瓜麵

【材料（2 人份）】

玉米筍 … 23 條
紅蘿蔔 … 1/3 條
金針菇 … 1/3 包
櫛瓜 … 1 條

〰 調味料
海鹽 … 1 小匙

【作法】

1 櫛瓜洗淨後去頭尾，用刨絲器切呈長條狀，或用菜刀切成直徑3公釐左右的長條狀；玉米筍及紅蘿蔔洗淨後切絲；金針菇沖水後去根部，備用。

TIP ——
玉米筍的寬度可以比紅蘿蔔稍為粗一些，吃起來比較有口感。

2 熱油鍋，將放入玉米筍及紅蘿蔔絲，中火拌炒約2分鐘後，倒入櫛瓜麵轉小火拌 炒，待櫛瓜略轉透明色，再放入金針菇續炒。

3 蓋上鍋蓋，小火燜煮約1分鐘，掀開鍋蓋見金針菇變軟，加入海鹽調 味即可起鍋。

4 裝盤或盛入便當盒內後撒上少許白芝麻即可。

TIP ——
櫛瓜切長絲後，含外層綠皮的部分可以先下鍋，炒至半熟後再下櫛瓜內層，可避免內層太過軟爛而帶皮部分卻還沒熟。

雞蛋鬆

【材料（2 人份）】

雞蛋 … 2 顆
水 … 10g

※ 調味料
砂糖 … 1 小匙
鹽 … 1/2 小匙

【作法】

1 雞蛋加入水及調味料，充分打勻，但不要打到起泡。

2 鍋內倒入一匙油，中火燒熱鍋後，倒入步驟 **1** 的蛋液。

3 待鍋中的蛋液底層稍微凝固時，就開始用筷子大幅度迅速不停攪碎，直到蛋液全部熟透、水氣全乾為止。

燙青花菜

【材料（2 人份）】

青花菜 … 半顆

※ 調味料
海鹽 … 1/2 小匙
白胡椒粉 … 1 小匙

【作法】

1 青花菜洗淨後去梗皮，切成適當大小，一旁準備一鍋冰開水。

2 煮一鍋水，水滾後汆燙青花菜，約60秒即可起鍋。隨即放入備好的冰開水中冰鎮，待溫度降下後即可撈起瀝乾。食用時可撒上些許白芝麻提味。

TIP

燙青菜不宜太久除了避免營養流失，也易失去清脆口感。但若是牙齒不好的人食用，就可以稍微燙的久一些。

醬燒二層肉便當

主食：
- 藜麥糙米飯

主菜：
- 醬燒二層肉

副菜：
- 鷹嘴豆毛豆紅黃椒
- 黑胡椒烤櫛瓜
- 水煮蛋

醬燒二層肉

| 保存方式 · 時間 |
建議冷藏保存 1 天、冷凍 1 週，食用前微波爐加熱

【材料（2 人份）】

二層肉 … 1 片
薑片、蔥段、蒜片、
辣椒段 … 適量（皆依口
味自行調整份量）
水 … 適量

※ 醬料
醬油 … 2 大匙
米酒 … 1 大匙
冰糖 … 3g
海鹽 … 1 小匙
白胡椒粉 … 適量

【作法】

1 二層肉斜切片。

2 起油鍋焗炒。

3 待肉片略轉色即加入薑片、蒜片、辣椒段、部分蔥白快炒。

4 散出香味後加入調味料及水。

5 食材炒到略收汁，再放入剩下的蔥段 拌炒一下即可起鍋。

原型便當 · 小魏

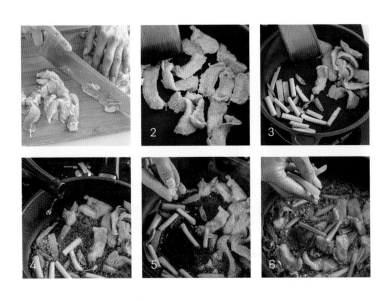

藜麥糙米飯

| 保存方式・時間 | 建議冷藏保存 2 天、冷凍 1 週

【材料（2 人份）】

糙米 … 2 杯
三色藜麥 … 1/3 碗

【作法】

1 糙米跟藜麥洗淨後，加入水。藜麥＋糙米與水的比例為1：1.2。

2 放入電子鍋後設定時間4：30開始烹煮，早上做菜的同時，飯也已經完成。

鷹嘴豆毛豆紅黃椒

【材料（2 人份）】

乾燥鷹嘴豆 … 1/2 杯
冷凍毛豆仁 … 1/2 杯
紅黃椒各 … 1/4 顆

◎ 調味料

海鹽 … 1 小匙
黑胡椒粉 … 適量

| 保存方式・時間 | 建議冷藏保存，1 天內食畢

【作法】

1 鷹嘴豆泡一夜水。

2 將步驟 1 的鷹嘴豆入電鍋蒸，同時將紅黃椒洗淨去芯切小丁。

3 煮一鍋水，汆燙冷凍毛豆仁約60秒即可撈起，並放入冰水中冰鎮降溫。

4 熱待電鍋跳起，鷹嘴豆放涼後，取一容器和毛豆仁、紅黃椒加入並倒入調味料一起拌勻即可。

COOKING POINT

若怕紅黃椒的腥味，可將紅黃椒放進沸水中約 30 秒，再進冰水中冰鎮降溫，可稍去除腥味，同時也可保持甜椒的鮮豔。燙過的蔬菜泡冰水時間不宜過久，避免蔬菜過於軟爛。

副菜 **黑胡椒烤櫛瓜**

【材料（2 人份）】

櫛瓜 … 一條

◊ 調味料

海鹽、黑胡椒粉 … 少許

【作法】

1 櫛瓜去蒂洗淨切成5mm厚圓片狀，淋上一點橄欖油，撒一點鹽、黑胡椒粉，烤箱 不預熱，直接以200℃烤10分鐘即可。

TIP

可以在烤到 8 分鐘左右，將櫛瓜翻面再續烤，易熟且雙面增添烤色。不同的烤箱烤出來的成品略有不同，建議烤的過程要隨時注意櫛瓜 的狀況，避免烤焦。

副菜

水煮蛋（大同電鍋版）

【材料（2 人份）】 雞蛋 … 2 顆

【作法】

1 大同電鍋外鍋加入1杯水；另準備一鍋冰開水。

2 不銹鋼鐵架放入電鍋內，雞蛋放在上頭，蓋上鍋蓋即可按下開關。

3 待開關跳起，Q彈的水煮蛋就完成了。

4 將水煮蛋放進一旁的冰開水降溫，就可以讓鬆撥開蛋殼。

COOKING POINT

也可在大同電鍋內鋪上 2 張廚房紙巾，並將廚房紙巾充分沾濕，把雞蛋放進去，按下開關，待開關跳起後水煮蛋即完成，此方法非常適合早晨來不及做早餐，趕時間上班上課的人。濕廚房紙巾水煮蛋法，廚房紙巾可沾濕一點，防止焦掉黏鍋。

鯖魚便當

主食

糙米長米地瓜飯

| 保存方式・時間 |
建議冷藏保存 2 天、冷凍 5 天，電鍋加熱

【材料（2 人份）】

糙米 … 1 1/2 杯
長米 … 1/2 杯
地瓜 … 300g

【作法】

1 糙米和長米一起洗淨後把水瀝乾；
  地瓜洗淨後去皮滾刀塊，備用。

2 將米放入電子鍋內鍋，米：水比例
  為1：1.3。

3 地瓜鋪上在米飯上，按下炊煮即
  可。

原型便當・小魏

主菜

烤鯖魚

| 保存方式・時間 |

建議冷藏保存 1 天、冷凍 3 天，食用前微波爐加熱

【材料（2 人份）】

鯖魚 … 1 片

▨ 調味料

黑胡椒粉 …

【作法】

1 將真空包裝鯖魚解凍取出，並稍作清洗，以廚房紙巾擦乾，同時烤箱預熱190-200℃。

2 在鯖魚上切斜刀紋，即可放進烤箱內。

3 烤約10分鐘後，打開烤箱蓋，撒上黑胡椒粉，再以220℃續烤2分鐘即可。

TIP

每個烤箱的特性不同，約烤 8 分鐘時先打開烤箱蓋看一下鯖魚狀況。最後續烤 2 分鐘是為了讓鯖魚表面呈現金黃色，但請依自己的烤箱狀況調整時間。

醬燒豆腐

【材料（2 人份）】

傳統板豆腐 … 1 塊
蔥段、辣椒段 … 適量

◎ 調味料
白醬油 … 2 匙
水 … 適量
冰糖 … 適量
鹽、白胡椒粉 … 少許

【作法】

1 豆腐洗淨後切成厚1cm長3cm×寬5cm大小片。

2 熱油鍋，放入步驟 1 的豆腐，小火慢煎。待豆腐二面呈金黃，即可下部分蔥白和調味料。

3 小火慢煨豆腐，約1分鐘後豆腐翻面續煨。

4 待豆腐二面略上色，即可放入剩餘蔥綠，稍微拌炒，待蔥綠略軟即可。

保存方式·時間｜建議冷藏保存 2 天，食用前微波爐加熱

原型便當·小魏

副菜 **薑絲炒娃娃菜**

【材料（2 人份）】

娃娃菜 … 2 朵
薑絲 … 適量
酪梨油 … 1 大匙

◎ 調味料
海鹽 … 1 小匙
白胡椒粉 … 適量

【作法】

1 娃娃菜洗淨後縱向對剖，瀝乾水分，備用。

2 冷鍋倒入酪梨油，並放入薑絲炒香，續放入娃娃菜，中火慢炒。

3 待娃娃菜略轉透明，放入調味料一起炒勻即可起鍋。

保存方式·時間｜建議冷藏保存 1 天

梅汁雞塊便當

主食：
- 糙米飯

主菜：
- 梅汁雞塊

副菜：
- 豆皮木耳
- 雞蛋絲
- 鹽烤時蔬

梅汁雞塊

| 保存方式 · 時間 |
建議冷藏保存 3 天、冷凍 1 週，食用前微波爐加熱

【材料（2 人份）】

去骨雞腿肉 … 2 支
紅黃椒各 … 1/3 顆
地瓜粉 … 適量

▧ 調味料
白胡椒粉、米酒 … 少許

▧ 醬料【梅汁醬】
紫蘇梅 … 5 顆
梅醋 … 1 1/2 大匙
梅子醬 … 1/2 碗
冰糖 … 1/2 碗
鹽 … 1 小匙
醬油 … 2 大匙
白芝麻 … 適量
水 … 半碗

【作法】

1 雞腿肉切成一口大小。取一容器放入雞腿塊與調味料，拌勻；紅黃椒洗淨去芯切成方塊狀，備用。

2 起油鍋加熱至160-180℃，每塊雞塊都均勻沾上地瓜粉後下鍋油炸，將雞肉炸到微金黃即可撈起備用。原鍋鍋內只須留約2匙油。

TIP
雞肉要炸前，可以稍加按摩，讓肉更軟嫩。

3 取一容器放入梅汁醬材料調勻。

TIP
梅汁醬可以照個人喜好酸甜度作微調。

4 熱油鍋，倒入紅黃椒稍微拌炒，再倒入步驟3的梅汁醬，開大火收汁。醬料收到濃稠後再放入雞塊拌炒，待雞塊表面都均勻沾上醬料即可起鍋。最後撒上白芝麻即可。

原型便當 · 小魏

糙米飯

| 保存方式・時間 | 建議冷藏保存 2 天，冷凍 5 天，食用前電鍋加熱

【材料（2 人份）】

糙米 ··· 1 1/2 杯
長米 ··· 1/2 杯
地瓜 ··· 300g 杯
長米 ··· 半杯

【作法】

1 洗米時用適量的水快速洗淨並把水瀝乾，重複此動作2次即可。

2 糙米：水比例為1：1.5，加水後先靜置1小時，讓米粒吸飽水分。

3 電子鍋按下炊煮，飯煮好時別急著打開，繼續燜15-20分鐘，讓鍋內的飯水含量達到一致。

4 最後，用飯勺完全攪拌撥鬆米飯，即完成美味可口的糙米飯。

COOKING POINT

不管是白米飯、糙米飯還是雜糧飯，煮完後不要馬上吃，翻動一下再燜個 3-5 分鐘，就會更軟 Q 好吃。

豆皮木耳

| 保存方式・時間 | 建議冷藏保存，1 天內食畢

【材料（2 人份）】

豆皮 ··· 1 片
黑木耳 ··· 1/2 杯
橄欖油 ··· 1 大匙

▧ 調味料
鹽 ··· 1 小匙

【作法】

1 豆皮洗淨切塊；黑木耳洗淨，備用。

2 熱鍋倒入1大匙油，將豆皮放入油鍋中小火慢煎，至二面略呈金黃色。

3 放入黑木耳拌炒，最後加入調味炒勻即可。

TIP

炒黑木耳時會有「爆」的聲音甚至彈起，可以蓋上鍋蓋使之燜煮一下，最後再調味。

雞蛋絲

【材料（2 人份）】

雞蛋 … 2 顆　　※ 調味料
水 … 10g　　　砂糖 … 1 小匙
　　　　　　　鹽 … 1/2 小匙

【作法】

1　取一容器打入雞蛋，加入水及調味料，充分打勻。

2　取一平底鍋，鍋中平均抹上一層薄薄的油，以小火熱鍋。

3　待鍋熱後，加入少量蛋液，並開始搖晃鍋子，使蛋液均勻留到鍋子各處。

TIP
千萬不要貪心一次加太多，否則太厚就變一般的煎蛋了。少量加入，若搖晃鍋子後鍋中還有空洞處，在拿湯匙再倒一點蛋液補起來即可。

4　待表面蛋液凝固時，將鍋子拿離開火源約20-30秒降溫。

5　鍋子稍微降溫後，蛋皮的邊邊會稍微翻起來，這時候可以拿筷子或湯匙從蛋皮四周翻起處底部刮一下蛋皮就很容易鬆動了。

6　蛋皮放到盤子上待涼，然後將蛋皮對折，即可切絲。

原型便當・小魏

鹽烤時蔬

| 保存方式・時間 | 建議冷藏保存，1 天內食畢

【材料（2 人份）】

青椒 … 1/2 顆　　※ 調味料
紅番茄 … 5 顆　　海鹽、黑胡椒粉 … 少許

【作法】

1　將青椒、小番茄分別洗淨去蒂。青椒去芯切成需要的方塊狀、小番茄對半切。

2　烤箱預熱5分鐘，放入青椒及小番茄，以190℃烤約5分鐘後，翻面續烤3分鐘。

3　打開烤箱蓋，撒上海鹽及黑胡椒粉，再續烤約1分鐘即可。

林素菁
原型食材的創意巧思

冷便當社有個傳奇人物——人稱魚丸嬤的林素菁。如果見過本人，「阿嬤」這兩字肯定叫不出口，她比較像鄰家大姊姊，總把眼睛笑成彎彎一線，熱情回應社員們拋出的所有問題，毫無距離。她的便當如其人，樸實的原型食材華麗變身成讚數不斷的便當畫作，無論是大腿雞翅、還是山蘇捲髮女孩畫像，總不經意透露她豁達大度的人生智慧和對生活保有的赤子之心。

有三個寶貝女兒，最大的女兒已結婚生子，和老大相差10歲的小女兒上國一後，因為不喜歡學校餐廳熱食的油煙味，跟媽媽要求帶便當，素菁阿嬤有點尷尬的

說，剛開始只把前晚剩菜裝進去而已。後來和朋友聊天，才知道可以做新鮮的便當放冷吃，她立刻上網做功課，大女兒幫媽媽註冊IG找冷便當靈感，結果一試成主顧，不只女兒愛吃冷便當，連老公也很捧場。

「剛開始覺得擺盤好難啊！」很難相信從她口中聽到這句話。素菁阿嬤說，當了24年的主婦，生活的重心就是小孩、家庭、還有日復一日的工作，她從沒想到做便當這件事，能讓她找回因父母覺得沒前途而放棄的畫畫熱忱：「我連吃東西都會一直盯著食材發呆，想著能做出什麼圖畫，一有想法，就只想直奔超市買食材回家做便當。」現在只要一空下來，素菁阿嬤就到處在生活周遭找尋便當靈感。

心之所向，總能帶領生命找到歸屬，香菇塞肉的帽子，大白菜澎澎裙，金針菇髮捲……無限的創意源源不絕，連婆婆看到便當都忍不住讚嘆：「加凜水（台語：這麼漂亮），怎麼吃得下去！」接著素菁開了粉絲頁認真記錄便當作品，和三個女兒有個Line群組一起討論便當，全家都變成她的軍師，老公甚至會催促「快上傳快上傳」，冷便當社的社友們更是敲碗希望她開便當畫展。

「做便當像是開啟我人生的另一扇大門，」去年為了增進做便當的功力，素菁跑去上廚藝課、考取廚師執照；背著孫子做便當都不嫌累的她，又跑去幼稚園當廚房阿姨；接著再拿到托育人員證照，現在目標是當月嫂照顧小孩。「可以做自己喜歡做的事真是太棒了！」便當之路走出阿嬤對人生的另一番熱情。

香滷牛腱祝福花束便當

主菜：
▪ 香滷牛腱

副菜：
▪ 涼拌木耳
▪ 鮮奶雞蛋皮
▪ 蒜香蘆筍

香滷牛腱

| 保存方式・時間 | 建議冷藏保存 3 天、可冷凍 1 個月

【材料（6 人份）】

牛腱心 … 1kg

◎ 調味料

屏科大薄鹽醬油 … 100ml
鹽 … 適量
米酒 … 100ml
辣豆瓣醬 … 1 大匙
冰糖 … 1 大匙
水 … 700ml（需淹滿食材）
市售牛肉滷包 … 1 包
嫩薑、辣椒 … 適量

【作法】

1 牛腱去除多餘脂肪與筋膜後，取一鍋子，煮滾水汆燙至表面變色。

2 起鍋洗淨後對剖備用。

3 另起鍋，放入步驟 2 的牛腱與所有調味料，大火煮滾後，小火蓋鍋燜煮30分鐘後熄火。

4 常溫置涼後，整鍋放入冰箱冷藏一晚入味。

5 第二天將整鍋滷牛腱從冰箱取出，撈去浮油，大火煮滾後再轉小火燜煮20分鐘。常溫置涼再放入冰箱，第二次冷藏入味。

6 第三天即可取出，食用時可選擇切片或切丁等各種易入口的狀態。

造型便當・林素菁

TIP

牛腱建議步驟 6 取出後，依照當次便當需要的份量先切片後再加熱，冷冷地切，牛腱片的剖面與形狀都會更漂亮。食用時可酌量添加香油、香菜與蔥花。

涼拌木耳

【材料（6 人份）】

乾燥小木耳（川耳）… 30g
薑絲 … 少許

※ 調味料
素蠔油 … 1 大匙

醬油 … 2 大匙
純米醋 … 3 大匙
香油 … 2 大匙
糖 … 1 大匙。

【作法】

1 乾燥小木耳泡水至完全舒展開來，以流動的水洗淨。

2 將洗淨的木耳放入鍋內汆燙，水滾約2分鐘後撈起放涼，擰乾水分備用。

3 將木耳、薑絲、所有調味料拌勻。

4 涼拌好的木耳，靜置約30分鐘以上會更加入味好吃。

TIP ─────────────
涼拌木耳可提前一天做好，放置冰箱內，第二天食用更美味。

| 保存方式・時間 | 建議冷藏保存，3 天內食畢

副菜 # 蒜香蘆筍

【材料（1 人份）】

蘆筍 … 1 小把
蒜末 … 少許（依個人喜好酌量）
沙拉油 … 1 小匙
水 … 少許
鹽 … 少許

【作法】

1 蘆筍洗淨去粗皮，切小段備用。

2 平底鍋倒入少許油，蒜末稍微爆香，加入蘆筍、少許水翻炒、燜熟，起鍋前加入少許鹽調味即可。

| 保存方式・時間 | 建議常溫保存，當天食畢

【副菜】 **鮮奶雞蛋皮**

【材料（1 人份）】

雞蛋 … 2 顆　　　　　鹽 … 少許

鮮奶 … 1 大匙

【作法】

1　全蛋1顆，另加蛋黃一顆，與鮮奶、鹽
　　拌勻後以細網過篩。剩餘蛋白備用。

　　TIP
　　雞蛋皮加入鮮奶，除了增加營養與風味，
　　還可以讓雞蛋更為軟嫩好吃。

2　平底鍋以廚房紙巾抹少許油，倒入已過
　　篩的蛋液，以瓦斯爐外圈的最小火煎至
　　表面稍微凝固後翻面，熄火後以餘溫煎
　　熟蛋皮即可。（此為便當底部裝飾用）

　　TIP
　　煎蛋皮時，油量務必減到最少，可以避免
　　蛋皮表面起泡不美觀。

3　平底鍋同樣以廚房紙巾抹少許油，倒入
　　剩餘蛋白液，以瓦斯爐外圈的最小火煎
　　至表面稍微凝固後翻面，熄火以餘溫煎
　　熟即可。（此為便當剪裁裝飾用）

造型便當・林素菁

　◎ **黑木耳是最便宜的減重美容好朋友**

黑木耳可以降低膽固醇、控制血糖、預防便祕，還可以降低罹患心血
管疾病的風險，可以提升免疫力還能控制體重、補鐵補血，是現代工
作忙碌，大魚大肉想減重的女性，極佳的食用好食材。

　◎ **蘆筍是極佳的健康食材**

挑選蘆筍時，要注意蘆筍尖端的鱗片緊實，不可以「鬆散開花」，同
時莖身形狀筆直，不可有破裂腐爛的傷口，整體色澤一致的蘆筍品質
為佳。蘆筍護心整腸、提升免疫力，是極為健康的食材，但有些人吃
過蘆筍後，尿液會有一股特殊氣味，這是蘆筍裡的天門冬胺酸造成的。

造型技巧

1 將白飯鋪於便當盒底層，
再於白飯上依序鋪上一層
鮮奶雞蛋皮、蛋白皮與牛
腱片。

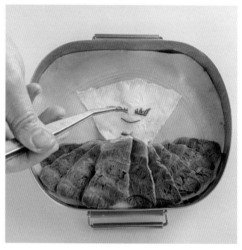

2 用挑選尺寸適中的睫毛海
帶略作修剪，並以辣椒絲
當作嘴巴，放置在蛋白皮
上做出臉部。

3 用海帶芽當作頭髮，裝飾
在蛋白皮上。

4 用蓮藕片剪出頭冠（可隨自己的喜好剪出喜愛的形狀）放置在海帶芽上。

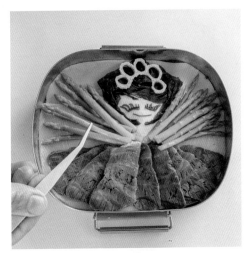

5 將蒜香蘆筍頭當作花束底層，以放射狀排列。

6 在蘆筍根部放上兩片小木耳，再放上已經用蛋白皮剪裁好的手部以及蒜香蘆筍尾當作花梗。最後用雕花裝飾在蒜香蘆筍上即完成。

香煎鮭魚幸福鳥便當

主菜：
- 香煎鮭魚

副菜：
- 蒜香芥蘭花
- 鮮奶雞蛋皮
- 水煮鵪鶉蛋

香煎鮭魚

| 保存方式・時間 | 建議常溫保存，當天食畢

【材料（1 人份）】

鮭魚 … 一片（腹部）
海鹽 … 少許

【作法】

1 鮭魚雙面抹鹽略醃5分鐘備用。醃好的鮭魚腹擦乾水分後，以少許油中小火慢煎。

2 為使形狀可愛，下鍋時可用筷子稍微調出屁股翹翹的小鳥形狀。

3 煎至兩面呈金黃色且紋路明顯即可。

造型便當・林素菁

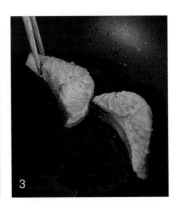

COOKING POINT

鮭魚儘量挑選小而胖的魚腹部位做裁切，煎出來的小鳥形狀會比較可愛。

副菜 蒜香芥蘭花

【材料（1人份）】

芥蘭花 … 1 小把
蒜末 … 少許（依個人喜好酌量）
沙拉油 … 1 小匙
鹽 … 少許

【作法】

1 芥蘭花挑去粗絲，留下嫩莖與花部位，洗淨後折小段備用。

2 平底鍋倒入少許油，蒜末稍微爆香，加入芥蘭花、少許水（份量外）翻炒燜熟，起鍋前加入鹽調味即可。

保存方式‧時間｜建議常溫保存，當天食畢

副菜 水煮鵪鶉蛋

保存方式‧時間｜建議常溫保存，當天食畢

【材料（1人份）】

新鮮鵪鶉蛋 … 5 顆
鹽 … 少許

【作法】

1 新鮮鵪鶉蛋洗淨外殼後備用。

2 水一鍋水，煮開後熄火，加入少許鹽。

3 待水溫稍降至約80-90℃之間，輕輕放入鵪鶉蛋，以中火加蓋燜煮5分鐘。

4 熄火後，不掀蓋再燜3分鐘。

5 撈出鵪鶉蛋放入冷水浸泡2分鐘後即可剝殼。

◎ 隱藏版抗氧化好蔬食

挑選芥蘭花時，選擇莖大小約小拇指大的較為嫩，口感也較好，注意葉片不要枯黃，莖梗筆直堅挺、纖維細的為佳。芥蘭花是很健康的一種蔬菜，富含維生素 C、類胡蘿蔔素等抗氧化物質。令人驚豔的是，芥蘭菜的鈣質含量相當豐富，每 100g 就含有約 200mg 的鈣，是民眾補充豐富鈣質的來源。

◎ 營養成份比雞蛋高的鵪鶉蛋

在相同重量下，鵪鶉蛋和雞蛋的膽固醇相當。一般吃下 4-5 顆熟鵪鶉蛋的量，大約等於吃下 1 顆雞蛋。鵪鶉蛋所含的蛋白質比雞蛋高 30%，含鐵量比雞蛋高接近一半，B 群維生素含量多於雞蛋，特別是維生素 B2 的含量是雞蛋的兩倍，而膽固醇含量卻比雞蛋低，尤為突出的是它的卵磷脂含量比雞蛋高三到四倍，還含有成分較高的賴胺酸、胱胺酸、蛋胺酸等人體不可缺少的物質。

造型步驟

1

將白飯鋪於便當盒底部，並鋪上鮮奶雞蛋皮，雞蛋皮配合便當形狀稍作修剪。

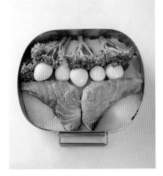

2

依序放入蔬菜、小鳥蛋與鮭魚。

3

以紅蘿蔔片與黑芝麻裝飾小鳥蛋；圓形的蛋白皮與海苔作為鮭魚小鳥的眼睛。

4

便當盒周圍鋪上適量的五色芝麻做為點綴。

山蘇姐姐便當

主菜：
- 樹子炒山蘇

副菜：
- 香炒鮭魚鬆
- 厚肉香菇

樹子炒山蘇

| 保存方式・時間 | 建議常溫保存，當天食畢

【材料（6人份）】

山蘇 … 250g
蒜片 … 少許
小魚乾 … 10g
樹子 … 約 40-50g（含湯汁）
橄欖油 … 1-2 大匙
米酒 … 20g

【作法】

1 山蘇摘除粗梗部位，洗淨切小段。

2 小魚乾洗淨，不需泡水，以免魚頭斷裂。

3 熱鍋，加入1-2大匙橄欖油，中小火依序爆香蒜片、小魚乾、樹子，炒出香味。

4 再加入山蘇、米酒，大火快炒至山蘇變綠變軟，約3-5分鐘即可。

TIP

拌炒山蘇不要過久，以免山蘇變黑。另外，樹子已有鹹味，不需再加鹽喔。

1

2

3

4

造型便當・林素菁

─── COOKING POINT ───

▨ **購買山蘇的小原則**

挑選山蘇時，可以觀察其尾端捲曲的頭，越捲代表越嫩，若葉片舒張則是老化現象，代表生長期過久囉！

香炒鮭魚鬆

保存方式·時間 | 建議常溫保存，當天食畢

【材料（4 人份）】

無刺鮭魚排 ⋯ 2 片
橄欖油 ⋯ 少許

▨ 調味料
鹽 ⋯ 少許
醬油 ⋯ 1/2 小匙
糖 ⋯ 1/2 小匙
白胡椒粉 ⋯ 適量

【作法】

1 鮭魚洗淨，清除魚刺後雙面抹上少許鹽。

2 電鍋外鍋放一米杯水，將魚蒸熟後，挑去魚皮與灰色血管。

3 不沾鍋放入少許橄欖油，中小火拌炒步驟2的魚肉並壓碎，炒至稍乾後加入醬油1/2小匙、糖1/2小匙、適量白胡椒粉。

4 均勻拌炒至乾鬆且酥香即可。

▨ **適合各種料理方式的鮭魚**

鮭魚中的 Omega-3，有助於記憶力和專注力提升；當中所含的 DHA 及 EPA，對於牙齒、骨骼成長很有幫助，非常適合發育中的孩子。製作魚鬆時以調理機打碎一點，減少調味，也可做為寶寶鮭魚鬆，方便營養又美味。此款便當所需的鮭魚鬆，為配合底色搭配，未加醬油僅以鹽適度調味，實際拌炒鮭魚鬆時，適量的醬油可增添醬香風味。

香菇釀肉

【材料（6 人份）】

香菇 … 12 朵
豬絞肉 … 200g
蔥 … 2 根（蔥花）
太白粉 … 少許

▧ 調味料
醬油 … 1 大匙
米酒 … 1 大匙
香油 … 1 小匙
糖 … 1 小匙
白胡椒粉 … 適量

【作法】

1 香菇洗淨，去蒂擦乾備用。

2 豬絞肉加入醬油、米酒、香油、糖拌勻並稍作摔打增加黏性後，再加入白胡椒粉、蔥花，適度拌勻。

3 香菇蕈傘內側抹上些許太白粉，用絞肉填滿，外圍抹平成可愛球狀。

4 電鍋外鍋一米杯水，放入香菇釀肉，蒸熟即可。

TIP

宴客時，可將蒸出來的香菇肉汁，小火以太白粉勾薄芡＋適當鹽調味後淋上，加上香菜點綴，增加色彩與光澤。香菇底部可切除部分使其可平穩站立。

造型便當・林素菁

▧ **新鮮香菇與乾香菇都一樣營養**

香菇是鮮、乾兩吃的食材，含有豐富的膳食纖維、鈣、鐵、葉酸、維生素 B、C 等營養成分，由於鮮香菇的水分含量高，因此相同重量之下，乾香菇的營養成分較為濃縮，若乾香菇泡發後，其實兩者的營養成分則是差異不大，運用在不同的料理均別有一番風味。

造型技巧

1 將白飯均勻平鋪於便當盒底部，並撒上鮭魚香鬆。

2 蛋白皮剪出人形側臉並放置喜好的位置。

3 山蘇放置於蛋白皮周圍，當作頭髮，可視個人喜好變化髮型。

4 取香菇一朵平放於山蘇頭頂，另取一朵剪出邊緣當成帽簷。

5 帽簷與帽頂接縫處以紅蘿蔔雕花、雙色鴻禧菇當成裝飾。

6 挑選適當尺寸的睫毛海帶，稍作修剪後即成山蘇姐姐的眼睛。

7 帽子上的小花以五色米果當成點綴。

8 辣椒片剪出小愛心當作山蘇姐姐的紅唇，並於便當周圍撒上適量的五色芝麻即可。

長辮女孩水蓮
松阪豬便當

主菜：
- 醬香松阪豬

副菜：
- 青燙水蓮菜
- 鮮奶雞蛋皮
- 小紅蘿蔔

▧ 豬肉中稀少又可口的部位

松阪豬油脂雖豐富卻不膩，料理後口感香脆有嚼勁，幾乎怎麼料理都不會失敗的食材，煎炒煮烤都很適合。這其實是豬的一個部位，位置在豬頰和下巴連接的部位，一頭豬只能取 2 塊，大概是 500-600g 左右，因此又稱為「黃金六兩肉」。

主菜

醬香松阪豬

| 保存方式・時間 | 建議常溫保存，當天食畢

【材料（1 人份）】

松阪豬 … 1 片

※ 醬料
薄鹽醬油 … 1 大匙
白胡椒粉 … 少許
糖 … 1 小匙

【作法】

1 松阪豬以醬料略醃至少30分鐘。

2 將步驟 **1** 醃過的松阪豬以中小火煎至熟透，斜切片即可。

造型便當・林素菁

副菜 **鮮奶雞蛋皮**

保存方式／時間、份量、材料和作法請參照 P.219

─── COOKING POINT ───

鮮奶雞蛋皮我通常拿來作為便當的底色，嫩嫩的鵝黃色可以襯托出每一道菜，除了增加營養，也讓便當畫更美觀。以全蛋加蛋黃一顆調出來的蛋液，比只有一顆全蛋調出來的，顏色更鮮明，香氣也更充足。

另外，剛買回來的雞蛋，可以先在常溫中存放，但不要讓雞蛋直接和空氣接觸，能用布或紙蓋起來最好。冰在冰箱，可以延長雞蛋的新鮮以及減少細菌滋生，放冰箱的時候建議較尖頭朝下，較寬頭朝上，可讓蛋黃後貼在蛋裡的氣室下面，減低微生物的入侵。

副菜 青燙水蓮菜辮子

【材料（1人份）】

水蓮 … 50g
鹽 … 少許

保存方式・時間 ｜ 建議常溫保存，當天食畢

【作法】

1 水蓮洗淨，入滾水稍作汆燙約30秒後撈起置涼。

> **TIP** ────────
>
> 水蓮稍微汆燙後再做編織的動作，韌性會比較好，
> 不容易斷裂，且水蓮易熟，綁成一束的水蓮口感比
> 一般切段清炒的更加脆口。

2 取約30cm長，每12根水蓮以一小段水蓮綁成一
  束，並分成3股（4根一股，共12根）。

3 以交叉綁三股辮的方式編成稍粗的辮子。

4 收尾一樣以小段的水蓮綁緊，尾端以小剪刀剪齊
  即可。

1

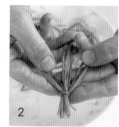
2

3

4

▨ **水蓮是消腫減重的好食材**

水蓮富含膳食纖維，鉀、鈣、鎂、鐵等營養素，而且熱量極低，每100
g只有17卡，低卡高纖。現代人經常外食、嗜吃重口味而引發水腫，
水蓮有助於維持人體中的鈉、鉀離子平衡，加速代謝，是消腫減重的
好食材喔。

副菜 **紅蘿蔔小花圈**

【材料（1 人份）】

紅蘿蔔 … 1 小段

※ 調味料

鹽、芝麻香油 … 少許

【作法】

1 紅蘿蔔切出約0.3-0.5cm薄片。

2 以不鏽鋼小壓花模壓出花朵形狀。

3 小花5個花瓣凹處輕輕化一小刀至中心點（不可切斷），使花瓣面有放射狀線條。

4 花瓣圓形外圍中央至放射線條處斜切一刀，使花朵呈現出立體感，每個花瓣都一樣。

5 為使呈現深淺立體感，花圈可以大小花朵前後擺放。

COOKING POINT

紅蘿蔔營養價值高，但處理不當的話，會有一種草腥味，其實紅蘿蔔並沒有那麼難駕馭，若要讓紅蘿蔔變得香甜，關鍵就是「熟透」，無論是蒸、燉煮或是炒。

紅蘿蔔冷藏保存，建議清洗乾淨，用廚房紙巾擦乾，再包裹一層報紙，放進保鮮袋中冷藏。冷凍保存的話先汆燙約 30 秒，瀝乾，冷卻後用廚房紙巾把水分壓乾，就能放進保鮮袋中冷凍，之後可以直接用來料理。

造型便當・林素菁

造型技巧

1 將白飯鋪於便當盒底部，並鋪上鮮奶雞蛋皮，雞蛋皮配合便當形狀稍作修剪。

2 依序放入蛋白皮、切片松阪豬、切小段的水蓮（女孩瀏海）與鴻禧菇（眼睛）與丁香（眉毛）。

3 兩側放入綁好辮子的水蓮，並以紅蘿蔔小花、雙色鴻禧菇、五色米果當作裝飾，並於松阪豬上方放2片剪好的蛋白皮小手即可。

紅蘿蔔小野兔肉燥便當

主菜：
▪ 古早味肉燥

副菜：
▪ 蒜炒蘆筍
▪ 迷你紅蘿蔔
▪ 鮮奶雞蛋皮

主菜

古早味肉燥

| 預備的工具 | 水滴型壓花模、刻花刀、小鑷子、小剪刀
| 保存方式・時間 | 建議常溫保存，當天食畢

【材料（6 人份）】

絞肉 … 300g
紅蔥頭 … 少許

※ 調味料
薄鹽醬油 … 50ml
水 … 250ml
冰糖 … 1 大匙
白胡椒粉 … 適量

【作法】

1　平底鍋不需放油，放入絞肉中火慢炒爆香至油脂
　　出來，盛起備用。

2　將切碎的紅蔥頭以少許油（份量外）炒至淺褐色
　　後。

3　加入炒熟的絞肉、糖與白胡椒粉拌炒，再加入醬
　　油與水，煮滾後以小火熬煮約20分鐘即可。

TIP

滷肉燥所用的醬油與水比例約 1：4-5，可視醬油的
鹹味調整自己喜愛的比例。紅蔥頭爆香時須特別留
意火侯，以中小火輕輕拌炒，避免焦黑使湯汁變苦。

造型便當・林素菁

1-a　1-b　1-c　2
3-a　3-b　3-c　3-d

副菜 蒜香蘆筍

【材料（1 人份）】

蘆筍 … 1 小把
蒜末 … 少許
（依個人喜好酌量）

※ 調味料

沙拉油 … 1 小匙
鹽 … 少許

【作法】

1 蘆筍刨去尾端粗絲，留下嫩莖部位，洗淨後切小段備用。

2 平底鍋放入少許油，蒜末稍微爆香，加入蘆筍、少許水翻炒燜熟，起鍋前加入少許鹽調味即可。

TIP ——————————

料理蘆筍時，烹飪快速是相當重要的祕訣，因為這不僅事關蘆筍的爽脆鮮嫩的口感，也影響到其營養成分是否會被破壞。

／保存方式・時間｜建議常溫保存，當日食畢

副菜 迷你紅蘿蔔

【材料（1 人份）】

紅蘿蔔 … 一小塊

【作法】

1 紅蘿蔔洗淨去皮切小段（約1.5×1.5×6cm的粗段）。

2 以削皮刀小心將尾端削尖，並刻上垂直細紋做作為紅蘿蔔紋路。

／保存方式・時間｜建議常溫保存，當日食畢

※ 痛風患者還是有機會享受到蘆筍的美味

蘆筍的普林（purine）較高，痛風患者不能吃全株蘆筍，建議拔掉上半部筍尖鱗片後，只吃根部即可；不過，即使是全株一起煮也不必太過擔心，因為水煮的過程中，大部分的普林都已經流失了。

COOKING POINT ─────────

清洗處理後的紅蘿蔔，可冷凍成冰狀後再放入滾水鍋中煮，其煮熟煮軟的速度，比一般沒有經過冷凍的快上 5 倍。紅蘿蔔富含維生素 B_1、B_2、C、D、E、K 及葉酸，還有鈣質、胡蘿蔔素、食物纖維等有益人體健康的成分。多吃紅蘿蔔不但能提高人體免疫力，而且可以改善眼睛疲勞、貧血等現象。

造型步驟

1 將白飯鋪於便當盒底部，並鋪上鮮奶雞蛋皮，雞蛋皮配合便當形狀稍作修剪。

2 將肉燥平鋪便當盒約一半的位置。

3 紅蘿蔔切長寬條，以削皮刀削出小紅蘿蔔的形狀，並排方式擺放於肉燥上方。

4 蘆筍排放在紅蘿蔔頂端做裝飾，並取小鳥蛋一顆對切後排出小兔子的臉與長耳、雙手，海苔做五官裝飾，上方則以小黃瓜片與五色米果做裝飾即可。

瘋狂阿嬤大腿舞便當

主菜：
- 香煎鴨胸

副菜：
- 烤雞翅
- 蒜香青江菜

【 主菜 】

香煎鴨胸

| 保存方式・時間 | 建議常溫保存，當天食畢

【材料（1人份）】

鴨胸 … 1 片（約 350g）

▨ 調味料

鹽、黑胡椒粉 … 1 大匙

【作法】

1 鴨胸以清水略沖，用廚房紙巾擦乾備
　 用。

2 兩面均勻抹上鹽、黑胡椒粉後靜置15
　 分鐘。

3 鴨胸帶皮面以菱格紋或間隔線條劃
　 開，深度約到皮即可，避免太深破壞
　 鴨肉部分。

> **TIP**
>
> 鴨胸切片時，刀具要夠銳利，切出來的鴨
> 胸才會好看。鴨胸約六、七分熟，內部略
> 呈粉紅色時最為軟嫩好吃，烹調過度致全
> 熟的鴨胸肉質會較乾柴且硬。

4 不沾鍋不放油，冷鍋放入鴨肉，皮朝
　 下中火煎約7分鐘，皮略呈金黃色即可
　 翻面煎5分鐘，兩邊側面各煎1分鐘後
　 熄火，鴨皮朝上靜置於鍋內10分鐘。

5 開中火，鴨皮朝下再煎約3分鐘，鴨胸
　 略硬但仍保有彈性，即可夾起放沾板
　 準備切片。

造型便當 ‧ 林素菁

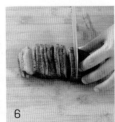

1

2

3

4

5

6

241

副菜 # 蒜香青江菜

保存方式・時間 | 建議常溫保存，當天食畢

【材料（1 人份）】

青江菜 … 1 小把
蒜末 … 少許（依個人喜好酌量）
沙拉油 … 1 小匙
鹽 … 少許

【作法】

1 青江菜洗淨後，切小段備用。

2 平底鍋放入少許油，蒜末稍微爆香，加入青江菜、少許水翻炒燜熟，起鍋前加入少許鹽調味即可。

=== COOKING POINT ===

青江菜富含水分，因為不耐乾燥，需要以沾濕的廚房紙巾先捲起，再用報紙包覆、裝進塑膠袋中，採直立方式置於蔬果冷藏室中，便能夠保持脆綠、不易枯萎。約可保存 3-4 天。青江菜鈣含量高，也有深色蔬菜中豐富的 維生素 C、β-胡蘿蔔素與葉酸，另外它特有的硫化物也是抗氧化的好幫手。

氣炸雞翅

【材料（6人份）】

雞翅 ⋯ 6 隻

▨ 醬料

燒肉醬 ⋯ 3 大匙

【作法】

1 雞翅洗淨拔除雜毛後、以燒肉醬醃約
  30分鐘。

TIP ───────

醃雞翅時每一隻雞翅都要浸泡到醃醬，或
是每隔 10 分鐘幫雞翅翻面一下，雞翅會
更入味好吃。

2 以180℃放入氣炸鍋15分鐘，每5分鐘
  拉出來翻面一次，受熱較為均勻。

造型便當・林素菁

▨ **關於台灣雞肉的安全性**

台灣的肉雞品種是很容易長肉的品種，且經過數十年的育種技術，再
加上良好的飼養環境與飼糧調配，讓肉雞的飼料換肉率，從原本的 2
公斤飼料換 1 公斤肉，進步成只要 1.5 公斤飼料換 1 公斤肉，所以完
全不需要用什麼生長激素，就可以達到養肉的目的，大家可以放心食
用。但如需控制體重或膽固醇較高的人，因為雞翅部位雞皮油脂含量
較高，還是要適量食用。

造型技巧

1 白飯平鋪於便當盒底部，青江菜展開擺放於盒內一半的位置。

2 切片鴨胸堆疊，整齊鋪於另一側白飯上。

3 剪好的雞蛋皮頭型放置適當位置。

4 依序放入紅蘿蔔帽子、身體與雞翅（阿嬤大腿）與雞蛋皮裙子。

5 金針菇排放做為人物白髮，並貼上海苔帽邊、墨鏡與辣椒紅唇。

6 鴨胸上以紅蘿蔔小花與白芝麻或五色米果點綴。

7 紅蘿蔔上衣、靴子與雞蛋皮裙子以五色米果稍做裝飾即可。

朱曉芃
愛滿分的媽媽造型便當

冷便當社人氣高居不下的直播嘉賓朱曉芃，從兒子進幼稚園開始，一路幫一雙兒女做午餐便當至今，做便當年資超過10年。曉芃不但是擁有大群粉絲的媽媽部落客，同時也是每月固定教授造型便當的烹飪老師，一聊起兒女和家庭生活，她的口氣總是軟綿綿的，話語中滿滿是愛。

14年前曉芃從華航空姐退役，全心投入家庭生活，就像許多平凡主婦一樣，從製作寶寶副食品開始她的廚房歲月。然而，真正認真精進廚藝，「還真是從做便當開始，」她說廚藝就是邊做邊學，久了就能累積，學做造型也是相同的道理。

「誰不是從壓模開始？」曉芃勉勵自覺手殘的媽媽們不用怕，造型便當並沒有想像中那麼難，她自己也是從壓模、捏飯糰、蛋皮、和用海苔製作五官開始，想

做造型時就上網找靈感，試著用飯糰捏出造型，搭配營養均衡的主、副菜。上手之後，反而不再只專注於造型上，而是會更想做出讓孩子吃得到健康的可愛便當，並且追求製作效率。

她分享兒女第一次吃造型餐的照片，照片裡寶貝們正大口咬下小熊維尼吐司，陶醉的表情和兒子因滿足而翹起的小拇指，兩張開心滿足的小臉，正是曉芃提升造型功力的初衷與動力，不斷精益求精，「變成像自己的功課一樣！」她說。

十年磨一劍，曉芃現在對兄妹倆的便當許願有求必應，妹妹走夢幻風，要「美」勝過「好吃」，提燈籠的美人魚、角落生物和所有的公主系列等都曾出現在她的願望清單上；小時候挑食的哥哥，則會特別要求菜色，但意外現身在便當裡的酷斯拉、恐龍或是寶可夢，對於便當的完食率還是有明顯的提升效果。

兒子去年九月已是需要晚自習到8點半的國七生，「開學第一週我都在哭啊！」心腸柔軟的曉芃忍不住滴咕，她還在適應整天看不到兒子的生活。每天晚上將便當交到他手上的短短5分鐘，心中既不捨又欣慰，但很慶幸的是，「自己能把力量深深埋進便當裡，傳遞給心愛的寶貝，希望孩子吃飽後能元氣滿滿，再繼續面對課業的挑戰。」

這次曉芃在本食譜中教授的是快速造型便當，利用一個週末的下午時光，將一週便當副菜備齊分裝冷凍，與主菜做搭配造型。

主菜：蜜汁排骨、蜜汁雞腿、豆腐漢堡排、珍珠丸子、清燙小管、魯肉。

副菜：豆乾、鳥蛋、三色冷凍蔬菜炒香菇、蒜炒四季豆與玉米筍、水煮青花菜、三色蛋、生菜沙拉、水果。

春日裡賞櫻花— 貓咪賞櫻便當

造型技巧：
- 櫻花樹、貓咪造型

主菜：
- 珍珠丸子

副菜：
- 三色蛋
- 蒜香四季豆玉米筍

櫻花樹、貓咪造型

| 預備的工具 | 小剪刀、小夾子、白紙
| 保存方式‧時間 | 建議常溫保存，當日食畢

【材料（1 人份）】

地瓜 … 1 顆
粉色柴魚片 … 適量
海苔 … 1 片

【作法】

1 便當盒內先鋪一層白飯。

2 將地瓜先蒸過，接著切下需要的大小作為櫻花樹幹，粉色柴魚鋪在枝幹上做櫻花。貓咪則是先在紙上畫出輪廓，再附著著海苔將形狀剪下來。

造型步驟

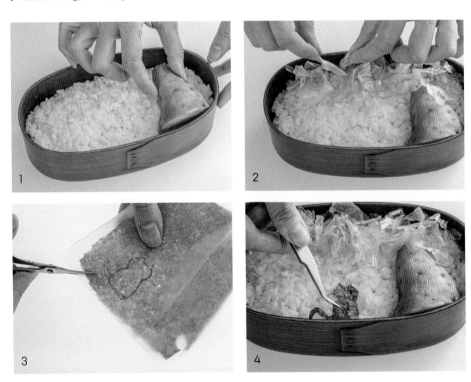

1

2

3

4

珍珠丸子

| 保存方式・時間 | 必須冷凍保存，1週內食畢

【材料（2人份）】

絞肉 … 350g
板豆腐 … 150g
紅蘿蔔 … 20g
蛋液 … 1顆
麵粉 … 1小匙
蒜末 … 1小匙
薑末 … 1/4小匙
糯米 … 適量
枸杞 … 少許

※ 調味料

醬油 … 1大匙
醬油膏 … 1大匙
香油 … 1/4小匙

【作法】

1 板豆腐用重物壓2個小時，去除多餘水分備用。

2 糯米先泡水至少3小時備用。

TIP ————————————————
糯米用長糯或圓糯皆可，長糯比較耐蒸，圓糯則比較有黏性。

3 胡蘿蔔洗淨去皮切末，與其他材料和步驟1捏碎的板豆腐一起放入容器中，充分攪拌均勻。

4 絞肉混和均勻後取出約30g，用湯匙塑成圓形。

5 步驟4沾上糯米後，每顆上面放上1顆枸杞即可入電鍋蒸。

COOKING POINT

此材料份量與另一主菜「起司漢堡排」共用，兩種主菜同時一起做好後冷凍分裝，珍珠丸子要食用時無需解凍，直接蒸過即可上桌。

三色蛋

| 保存方式・時間 | 方形蒸模，保鮮膜

【材料（2人份）】

雞蛋 … 3 顆
鴨蛋 … 1 顆
皮蛋 … 1 顆

▨ 調味料
牛奶 … 2 大匙
鹽 … 1/4 小匙

【作法】

1 雞蛋先把蛋黃蛋白分開，蛋白內加入1大匙牛奶打散；蛋黃內加入1大匙牛奶及少許鹽打散；鴨蛋剝殼切小塊；皮蛋先蒸熟，沖冷水後剝殼切小塊，備用。

2 方形模具內鋪一層耐熱保鮮膜。

3 鴨蛋、蒸熟的皮蛋依序放入模具內。

TIP ——————
模具內一定要鋪耐熱保鮮膜 蛋蒸好後才好脫模。

4 將蛋白倒入電鍋先蒸5分鐘，再倒入模具中。再將蛋黃倒入，電鍋外鍋放半杯水再蒸一次即可，取出脫模後 切成想要的形狀就完成囉！

1

3

2

4

蒜香四季豆玉米筍

【材料（1人份）】

四季豆 … 1 把
玉米筍 … 6 根

※ 調味料

雞高湯 … 適量
鹽 … 少許

【作法】

1　熱鍋倒油爆香蒜末，放入四季豆及玉米筍同炒。

2　加點雞高湯、鹽翻炒，蓋上鍋蓋燜煮約2分鐘即可起鍋。

TIP

沒有雞高湯加水亦可。

保存方式·時間｜建議冷凍保存，1週內食畢

造型便當·朱曉芃

── COOKING POINT ──

此份量可以分成 2 份冷凍保存，需要時取出退冰解凍微波 1 分鐘即可食用。

便當 44

春日裡的花團錦簇—
柴柴便當

造型技巧：
▪ 柴柴造型馬鈴薯泥

主菜：
▪ 蜜汁排骨

副菜：
▪ 鹽味彩色花椰菜
▪ 蒜香四季豆玉米筍

柴柴造型馬鈴薯泥

| **預備的工具** | 保鮮膜 海苔壓模 小夾子 水彩筆
| **保存方式・時間** | 建議常溫保存，當日食畢

【材料（1 人份）】

馬鈴薯 … 1 顆

✎ 調味料
牛奶 … 1 匙
鹽 … 少許
醬油 … 少許

【作法】

1 馬鈴薯蒸熟後加入1大匙牛奶、少許鹽，搗成泥狀。

2 取適量置於保鮮膜中，隔著保鮮膜捏出柴犬的頭型、手型。

TIP ──────────────────

隔著保鮮膜操作比較不會沾手也較衛生。用這種方法操作可以創造出各式各樣的馬鈴薯泥造型。

3 取一圓形便當盒，一半底鋪上白飯，放上一塊玉米與裁剪成圓形的火腿，並用海苔絲十字編織成井字。

4 放上馬鈴薯狗頭與手，壓出三條紋路為柴柴的手塑型，用水彩筆沾醬油刷在深色的地方。

5 用海苔壓模壓出眼睛及鼻子，貼上後取薯泥再捏出兩個圓形放在柴柴頭上即可。

1

2-a

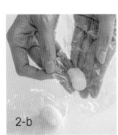
2-b

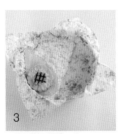
3

4-a

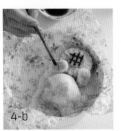
4-b

5-a

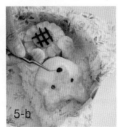
5-b

5-c

> 主菜

蜜汁排骨

| 保存方式・時間 | 建議常溫保存，當日食畢；或冷凍保存 1 週

【材料（2 人份）】

豬小排 … 350g
白芝麻 … 少許

※ 醬料

醬油 … 2 大匙
蜂蜜 … 1 大匙
米酒 … 1 小匙
蒜末 … 1 小匙

【作法】

1 取一容器將所有醬料放入拌勻。

2 將步驟 1 的醬料倒入豬小排，醃製至少1個鐘頭。

3 烤箱預熱200℃放入步驟 2 的豬小排烤20分鐘，出爐後撒上白芝麻即可。

1

2-a

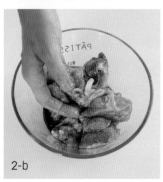

2-b

3

醃製的時間要足夠，肉才會入味。這道菜的醃料與蜜汁雞腿的醃料相同，兩道主菜一起醃、一起烤，烤完後分裝冷凍，使用時取出退冰，烤箱 200℃回烤 5 分鐘即可。

（副菜） **鹽味彩色花椰菜**

【材料（1 人份）】

冷凍彩色花椰菜 … 半包

※ 調味料
鹽、黑胡椒粉 … 1 大匙
橄欖油 … 適量

【作法】

1 冷凍花椰菜無需退冰，直接放入微波爐微波2分鐘。

2 將步驟 1 取出後撒上鹽、黑胡椒粉及一點橄欖油拌勻即可。

TIP
冷凍花椰菜因為已經處理過，使用時非常方便，只需取適量微波即可食用。

保存方式·時間｜建議冷藏保存，2 天內食畢

造型便當·朱曉芃

（副菜） **蒜香四季豆玉米筍**

保存方式／時間、份量、材料和作法請參照 P.253

夏日裡的海味便當

造型技巧：
- 造型小管飯
- 古早味滷肉 / 豆乾 / 小鳥蛋

副菜：
- 五味醬小管
- 生菜沙拉

造型小管飯

| 預備的工具 | 保鮮膜、海苔壓模、小夾子、圓形壓模
| 保存方式‧時間 | 建議常溫保存，當日食畢

【材料（1 人份）】

白飯 … 適量
小管 … 1 隻
起司片 … 1 片
無調味海苔 … 1 片
紅椒粉 … 少許

【作法】

1 將白飯放在保鮮膜上，隔著保鮮膜捏出小管身體、頭部的形狀。

2 橢圓形便當盒中鋪上美生菜，放入步驟 1。

3 小管汆燙後留下腳的部分，與飯糰身體連接，放入便當盒裡。

4 步驟 2 的小管身體狀飯糰上撒些許紅椒粉調色。

5 海苔壓模押出兩個圓形，也用壓模將起司壓出2個圓形，將海苔貼在起司片上作為眼睛。

TIP

起司片等小管腳放涼了後再貼上，否則溫度會讓起司片融化。

造型便當‧朱曉芃

古早味滷肉 / 豆乾 / 小鳥蛋

| 保存方式・時間 | 建議冷凍保存，1 週內食畢

【材料（2 人份）】

五花肉 … 300g
豆乾 … 4 塊
小鳥蛋 … 約 10 顆
蒜頭 … 6 顆
八角 … 1 個
蔥 … 1 根
冰糖 … 1.5 大匙

◎ 醬料
米酒 … 1 大匙
醬 … 100ml
水 … 200ml

【作法】

1 熱鍋，五花肉切成適口大小，下鍋乾煎至表面呈金黃色。

2 嗆入米酒，下冰糖炒出糖色。

   TIP
   冰糖溶解速度較慢，先將冰糖壓成粉狀，可以節省不少時間。

3 接著下洗淨去皮的蒜頭、切適當長度的蔥段拌炒，並加入醬油續炒。

4 加入水至淹過食材，再放入豆乾以及小鳥蛋，蓋上鍋蓋，燉煮約20-30分鐘。

副菜 五味醬小管

【材料（1 人份）】

小管 … 1 尾
薑片、蔥段 … 適量

◎ 醬料【五味醬】
番茄醬 … 2 小匙
二號砂糖 … 1 小匙

醬油膏 … 1 小匙
烏醋 … 1 小匙
薑末 … 1 小匙
蒜末 … 1 小匙
蔥花 … 少許

【作法】

1 取一容器，放入五味醬材料，攪拌均勻備用。

2 煮一鍋滾水加入薑片、蔥段，熄火後放入小管，上蓋燜熟約2分鐘。

3 步驟 1 起鍋後放入冰水中冰鎮，食用時再切成圈狀，淋上五味醬即可。

保存方式・時間｜建議常溫保存，當天食畢

造型便當・朱曉芃

副菜 生菜沙拉

【材料（1 人份）】

各式生菜水果 … 適量
海鹽、橄欖油 … 適量

【作法】

1 將喜愛的生菜洗淨瀝乾撕成小塊，水果切成適口大小，自由搭配組合。

2 撒上海鹽，再淋一點橄欖油即可食用。

TIP ——————
生菜及水果顏色搭配可以多彩一點，擺進便當中賞心悅目。

保存方式・時間｜建議冷藏保存，2 日內食畢

夏日裡透心涼西瓜便當

主食：
▪ 彩色飯

主菜：
▪ 起司漢堡排

副菜：
▪ 水煮青花菜
▪ 三色蔬菜炒菇菇

西瓜造型飯

| 預備的工具 | 保鮮膜及小夾子
| 保存方式・時間 | 必須冷凍保存，可保存 1 週

【材料（1 人份）】

台灣彩色營養米
（綠＆紅）… 各 1/2 杯
白米 … 1/4 杯
黑芝麻 … 少許

【作法】

1 烹煮綠色、紅色彩色米及一般白米。取一橢圓型便當盒，將彩色米依綠色、白色、紅色的順序，鋪成西瓜形狀，占約半個便當盒。

2 用黑芝麻做西瓜子點綴紅色彩色米表面。

3 各式生菜水果鋪在剩餘的便當盒底部。

4 放上做好的起司漢堡排、水煮青花菜、三色蔬菜炒菇菇即可。

▨ 關於台灣營養彩色米

台灣營養彩色米目前完成開發的天然顏色，包括有綠、紅、黃、紫、橘、粉、白 7 個顏色，分別來自紅麴、薑黃、綠色蔬菜、深海綠藻與花青素，可用來烹調家庭日常、創意餐點。綠藻是珍貴的植物內含豐富鈣、鐵、鎂、鉀、鋅等天然綜合礦物質；紅麴傳統上被應用為釀酒原料、食品著色、肉品防腐及中藥材；薑黃是近幾年最受歡迎的食材，營養關鍵來自於薑黃素；紅鳳菜別稱：紅菜、補血菜，內含有花青素。

米 MITNCR

造型便當・朱曉苋

1-a

1-b

1-c

2

3

4

起司漢堡排

| 保存方式‧時間 | 建議冷凍保存，1週內食畢

【材料（2 人份）】

絞肉 … 350g
板豆腐 … 150g
紅蘿蔔 … 20g
蛋液 … 1 顆
麵粉 … 1 小匙
蒜末 … 1 小匙
薑末 … 1/4 小匙

※ 調味料

醬油 … 1 大匙
醬油膏 … 1 大匙
香油 … 1/4 小匙

【作法】

1 板豆腐用重物壓2個小時，去除多餘水分備用。

2 紅蘿蔔洗淨去皮切末，與其他材料和步驟 **1** 用湯匙壓碎的板豆腐一起放入容器中，充分攪拌均勻。

3 取適量絞肉，在手掌心摔打幾下，接著用手捏塑出肉排的形狀。

TIP ────────
漢堡排不要捏得太厚，否則裡面不容易煎熟。

4 起油鍋，兩面煎上色。

5 取一片起司片用牙籤畫出形狀，黏在漢堡排上。

6 蓋上鍋蓋，融化起司即可。

TIP ────────
此材料份量與另一個主菜珍珠丸子共用。

副菜 水煮青花菜

【材料（2人份）】

青花菜 … 1 株

鹽 … 少許

【作法】

1 青花菜洗淨後切小朵去梗皮。

2 煮一鍋水，水滾後放進鍋內汆燙1
分半鐘撈起，泡冷水後瀝乾，撒上
鹽即可。

造型便當・朱曉苪

副菜 三色蔬菜炒菇菇

【材料（2人份）】

三色冷凍蔬菜 … 60g

香菇 … 3 朵

蒜頭 … 3 顆

※ 調味料

高湯 … 50ml

醬油 … 1 大匙

糖 … 少許

【作法】

1 蒜頭洗淨去皮切末；香菇洗淨去蒂切
丁；冷凍三色蔬菜略微沖洗。

2 起油鍋爆香蒜末，接著下三色蔬菜以及
香菇拌炒，加入高湯、蓋上鍋蓋煨煮1分
鐘，開蓋加入醬油及糖拌炒均勻即可。

TIP

這道菜可冷凍分裝，需要時取出微波解凍即可。

便當 47

秋日裡的饗宴—松鼠飯糰便當

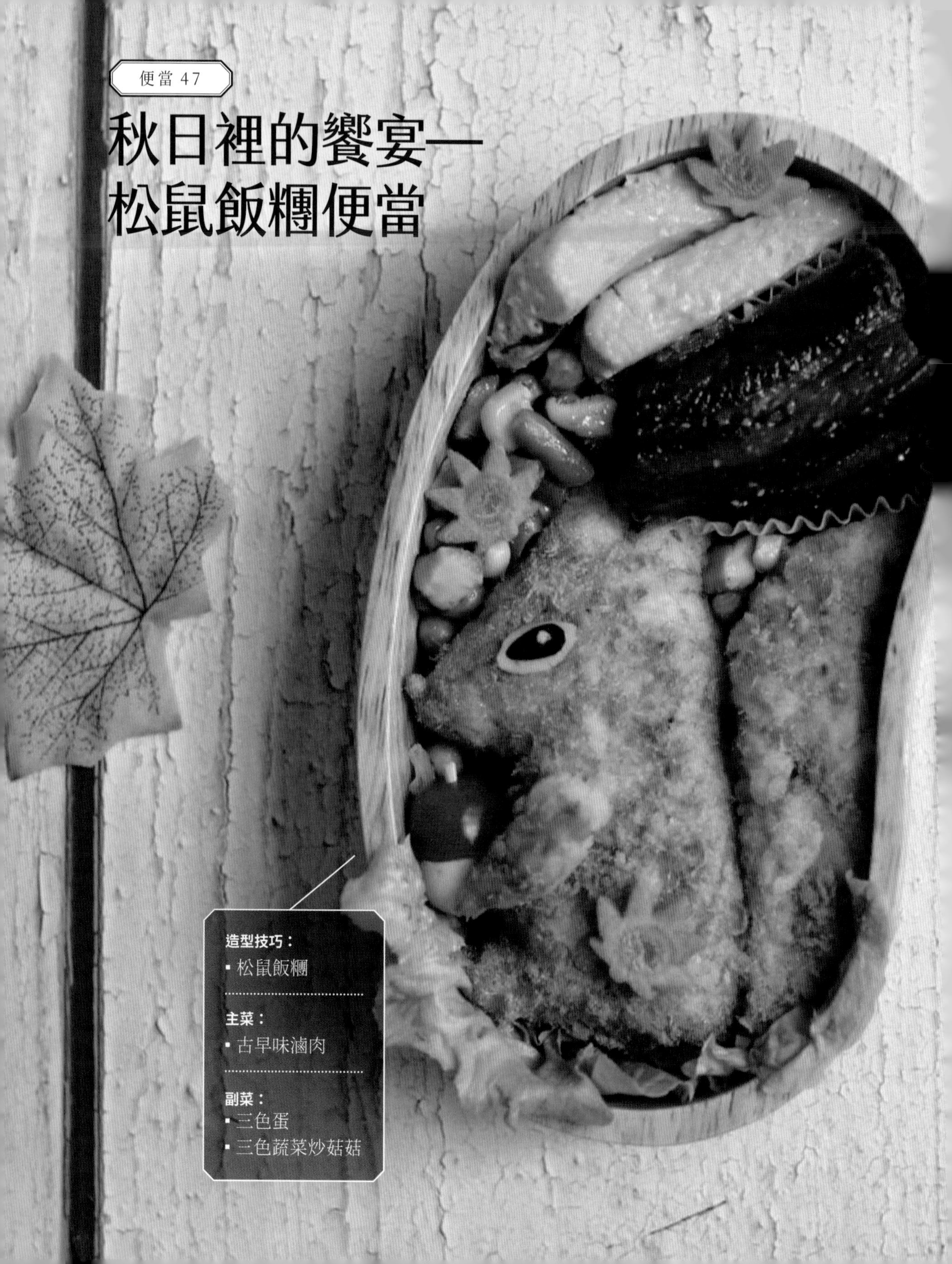

造型技巧：
- 松鼠飯糰

主菜：
- 古早味滷肉

副菜：
- 三色蛋
- 三色蔬菜炒菇菇

松鼠飯糰

| 預備的工具 |
畫上圖案的稿紙、保鮮膜、小夾子、小剪刀
| 保存方式・時間 |
建議常溫保存，當日食畢

【材料（2人份）】

白飯 … 1 碗
肉鬆 … 少許
起司片 … 1 片
海苔 … 1 片
小香腸 … 1 個
小番茄 … 1 個
義大利麵條 … 1 條

▨ 調料
市售美乃滋 …

造型便當・朱曉苩

【作法】

1. 在紙上先將便當大小描出來，接著畫出想要的圖案，這個便當的主角是松鼠。

2. 隔著保鮮膜將米飯依照稿子的大小，分別捏出頭連身體、尾巴、耳朵、手的形狀，刷上美乃滋，撒上肉鬆做出毛茸茸的感覺。

3. 將松鼠的各部位在橢圓型便當盒裡用義大利麵條組合起來。

4. 松果用1/3顆小番茄加上2/3個小香腸，用義大利麵條串起。

5. 起司片及海苔剪出眼睛形狀，海苔放在起司片上，背面沾點美乃滋黏在松鼠臉上，完成眼睛。

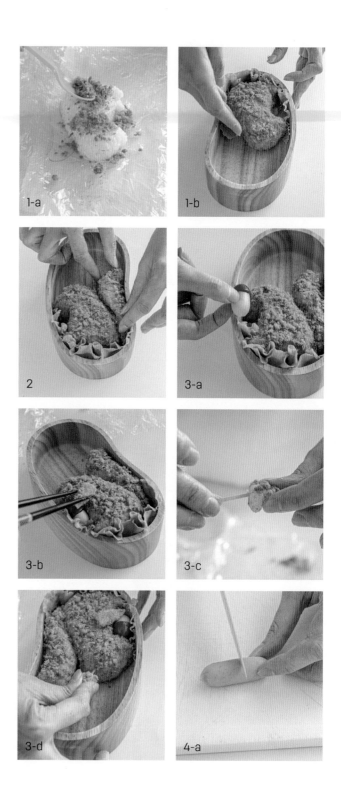

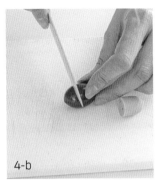

4-b

4-c

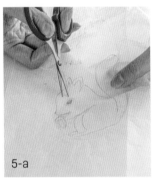

5-a

5-b

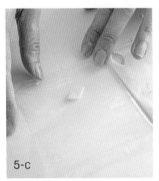

5-c

5-d

5-e

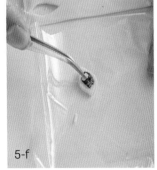

5-f

主菜

古早味滷肉

保存方式／時間、份量、材料和
作法請參照 P.260

TIP ————————

將滷肉、豆乾以及小鳥蛋分
開冷凍包裝，使用時較方便。

副菜

三色蛋

保存方式／時間、份量、材料和
作法請參照 P.252

副菜

三色蔬菜
炒菇菇

保存方式／時間、份量、材料和
作法請參照 P.265

造型便當・朱曉芃

冬日裡的耶誕派對——
聖誕便當

造型技巧：
▪ 雙色蛋包飯

主菜：
▪ 蜜汁雞腿排

副菜：
▪ 滷豆乾
▪ 番茄聖誕襪

雙色蛋包飯

| 預備的工具 |
大小各一圓形壓模、海苔表情壓模、小夾子以及小剪刀

| 保存方式‧時間 |
建議冷凍保存 1 週，退冰後無需覆熱直接使用

【材料（1 人份）】

雞蛋 … 2 顆
牛奶 … 1 大匙
鹽 … 少許
太白粉 … 適量

造型便當‧朱曉芃

【作法】

1　取一容器打2顆雞蛋，分出約10ml的蛋白。剩餘的雞蛋攪打均勻後，加入1大匙太白粉水及少許鹽，接著過篩兩次。

TIP

蛋液過篩是為了煎出平滑的蛋皮，蛋白請用小湯匙或滴管小份量的倒入鍋中。

1

2　玉子燒鍋熱鍋，倒入少許油，再用廚房紙巾將多餘的油擦掉，倒入蛋液後轉動鍋子 讓蛋液平均分布在鍋底，待蛋液凝固後即可盛起。

3　用圓形壓模壓出雪人的形狀共四個圓形，再將黃色蛋皮重新放回鍋中，開火。

4　蛋白加入1小匙太白粉水，蛋皮鏤空的地方抹油，倒入步驟1的蛋白，待凝固後雪人形狀就完成囉！

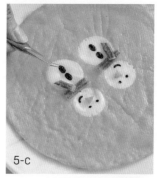

5-c

5　用蟳味棒剪出長條作為圍巾，眼睛嘴巴用海苔壓模壓出形狀，蟳味棒壓出圓形做鼻子，裝飾後的雪人蛋皮即完成。

6　用包鮮膜捏一頓飯量的白飯，放入圓型便當盒中。

7　步驟5的蛋皮邊緣略剪幾刀，方便平整放入便當盒中。

7-c

8　取一圓火腿片，剪去上下兩處後，中央稍微即中捏緊。

9　用步驟8剪下的剩餘火腿片包起，做成蝴蝶結處，以義大利麵固定。

10　跟其他主菜、配菜一起放到便當盒中即完成裝飾。

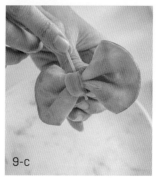

9-c

主菜

蜜汁雞腿排

| 保存方式・時間 |

常溫只能保存半天，必須冷凍保存，可保存 1 週

【材料（2 人份）】

雞腿排 … 200g

▧ 醬料

醬油 … 2 大匙
蜂蜜 … 1 大匙
米酒 … 1 小匙
蒜末 … 1 小匙
白芝麻 … 少許

【作法】

1 取一容器，放入所有醬料材料，攪拌均勻。

2 雞腿排切塊狀，到入步驟 **1** 的醬料醃至少1個
　小時。

　TIP ─────────────────
　雞腿排醃的時間一定要足夠，才會入味。

3 烤箱預熱200℃，放入步驟 **2** 烤20分鐘，出爐
　後撒上白芝麻即可食用。

1

2-a

2-b

3

副菜 **滷豆乾**

保存方式／時間、份量、材料和作法請參照 P.260

TIP ——————————
與媽媽味滷肉是同一鍋滷的，滷好後分裝冷凍
要使用時退冰微波即可食用。

副菜 **番茄聖誕襪**

| 預備的工具 | 小刀、食物叉
| 保存方式‧時間 | 建議常溫保存，當天食畢

【材料（1人份）】

小番茄 … 2 顆
起司片 … 1 片

【作法】

1　小番茄洗淨後從1/3的地方斜切，較長的那邊
　　翻轉過來，小刀切平末端的番茄，再用小食物
　　叉固定。

2　起司片切出約0.3cm的長條狀，沿著切口貼
　　上，聖誕襪完成。

　　TIP ——————————
　　小番茄選頭圓一點的 做起來比較像襪子喔！

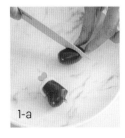
1-a

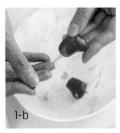
1-b

2-a

2-b

胡文舒 Wensu
職人精神呈現的造型便當

Wensu的便當辨識度極高,便當裡的每個擺盤細節都被她照顧得妥貼,不光是主副菜口味搭配、便當配色、造型巧思或是拍攝呈現皆用心琢磨,就連每道菜的擺放角度,都像用尺規精密計算過般的精準,手工之細緻可謂便當界的精品。

她婚後在加拿大生活了5年,回憶剛開始為兒子帶便當,也只是陽春壓模造型的三明治,孩子學校午餐時間只有短短15分鐘,簡單快速方便吃,是當時備餐的目標。然而真正費心準備便當,則是2010年全家返國定居,開始每日為孩子們準備早餐,為了追求餐桌上的變化,便當也成為其中一個固定選項。

她說永遠記得兒子第一次看見刺蝟造型便當時發亮的雙眼，小兒子飯都吃完了，還沒動到小刺蝟，他小聲跟她說：「我捨不得吃耶！」但之後總思思念念，要求媽媽再做造型。原本覺得男生對造型應該沒有特別反應，後來發現，以前單一食材兒子就是小鳥胃，習慣多樣化的造型餐點後，就算不是吃得特別多，還是會把可愛的食物吃光光，更能感受到孩子們因視覺變化帶來的開心雀躍。

「孩子愛吃的食材其實很固定，媽媽的智慧就是要能在食材上做變化，」Wensu的便當門道不光在造型上打轉，她希望能透過家庭餐桌的豐富度提高兒子對食物的接受度。因此，她每天腦海中精打細算早、晚二餐菜色的搭配變化，菜色口味和擺盤，都在腦海裡事先跑過流程，將每道菜當作作品呈現，「美美的，自己做起來很開心，才能不斷做下去。」

Wensu是一個非常重視細節規劃的人，尤其為一家四口打點三餐是一種不斷重複的腦力活，要能夠展現流暢的美感，週末一個半小時的提前準備，反而是讓她能喘息的關鍵。她笑說自己處理食材的習慣，五花肉一次至少3公斤，叉燒肉一次做10幾片，冰箱裡的常備菜都有庫存規劃，無論是調味好真空冷凍的主菜，蝦泥、玉子燒、漢堡排、家常淋醬等能隨手運用的常備食材，都有設定好的庫存水位，「不用苦惱要煮什麼，這樣做反而省事。」

從她對於生活上每件事情的投入，不難看出她對每件事的態度都是如出一徹：做足功課，追求完美。「身為家庭主婦，煮飯是我的工作，一件事就把它做到最好。」文舒語氣中流露著真摯與篤定。

港式叉燒便當

主菜：
▪ 港式叉燒

副菜：
▪ 小太陽荷包蛋
▪ 乾煸四季豆
▪ 港式蔥油醬
▪ 淺漬櫻桃蘿蔔

主菜

港式叉燒

| 保存方式・時間 |

醃好的肉可冷凍保存 3 星期，冷藏解凍後再料理

【材料（3-4 人份）】

梅花肉（厚約 1.5cm）

　… 500g（2-3 片）

▨ 醬料

紅麴豆腐乳 … 10g

紅麴醬 … 5g

叉燒醬 … 3 大匙

高粱酒 … 1 小匙

醬油 … 1 1/2 大匙

糖 … 1 大匙

鹽 … 1 小匙

蒜粉 … 1/2 小匙

五香粉 … 少許

白胡椒粉 … 少許

[蜂蜜麥芽醬]

水麥芽 … 30g

熱水 … 10g

蜂蜜 … 10g

【作法】

1　紅麴豆腐乳壓成泥狀。再混和其他所有調味料拌勻。

2　梅花肉均勻沾上醬料，冷藏醃漬一晚。

3　烤箱預熱上火220℃，下火170℃，將醃漬入味的梅花肉放置在烤架上，烤架下面放一個烤盤接滴下來的醬料，烤約20分鐘後，翻面續烤約10分鐘至熟，取出塗上麥芽蜂蜜水烤3分鐘，翻面塗上麥芽蜂蜜水再烤3分鐘。

4　出爐後切成約0.3cm片狀即可。

TIP

透明的水麥芽由精緻澱粉製成，琥珀色的麥芽糖是由小麥和糯米製成，兩者皆可使用。可用沾濕的湯匙挖取較不黏，水麥芽（或麥芽糖）先用熱水溶解拌勻後，再加入蜂蜜即可使用。

造型便當・胡文舒 Wensu

1

2

3

4

氣炸鍋設定攝氏 180℃ 預熱 3 分鐘，將醃漬入味的梅花肉放置烤架上，180℃ 烤約 12 分鐘，翻面 5 分鐘，一面塗上麥芽蜂蜜水後烤 2 分鐘，另一面再塗上麥芽蜂蜜水烤 2 分鐘。

（副菜） # 小太陽造型荷包蛋

| 預備的工具 |
夾子、剪刀、圓形海苔打洞器、三角形壓模、三明治袋
| 保存方式．時間 |
建議常溫保存，當天食畢

【材料（1 人份）】

紅蘿蔔 … 1 片
無調味海苔 … 1 片
鹽、番茄醬 … 少許

【作法】

1 將蛋白與蛋黃分開，平底鍋倒入少許油，小火加熱，待鍋微熱後先倒入蛋白，再將蛋黃放到蛋白上，可用湯匙輕碰蛋黃，將蛋黃固定在想放的位置。

TIP ———————————————————
鍋溫不要太高，蛋白才會平整光滑，若鍋溫太高則蛋白容易起泡。

2 用三角形壓模將燙熟的紅蘿蔔壓出小三角形 ，排放在蛋黃周圍當太陽光芒。

3 熄火並蓋上鍋蓋，將蛋燜到想要的熟度，盛起放涼備用。

4 用圓形海苔打洞器將無調味海苔壓出圓形當太陽眼睛，用剪
  刀剪出細長圓弧當嘴巴，番茄醬裝入三明治袋，前端剪一小
  孔，在太陽臉頰上擠兩個小點當腮紅（也可用牙籤沾番茄醬
  點上腮紅）即可。

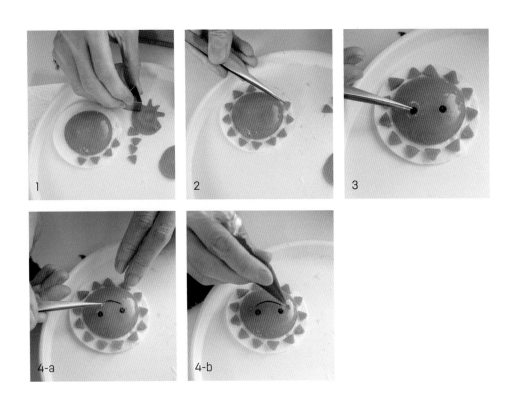

COOKING POINT

若想蛋白有特別形狀，可使用荷包蛋模型，模型先抹油放入鍋中，
再將蛋白倒入模型中，或是煎好荷包蛋後，再用餅乾模將蛋白壓
出形狀。

乾煸四季豆

【材料（約 4 人份）】

四季豆 … 400g
絞肉 … 50g
蝦米 … 6g
蒜末 … 10g
蔥花 … 10g
辣椒 … 1 根（或依喜好增減）

▨ 調味料

鹽、白胡椒粉 … 少許
豆瓣醬 … 1.5 小匙
米酒 … 1 小匙
醬油 … 2 小匙
烏醋 … 1/2 小匙
香油 … 少許

| 保存方式・時間 | 建議冷藏保存，當天食畢

【作法】

1 四季豆洗淨去頭尾和粗絲，依喜好切段或不切段；乾蝦米
泡水10分鐘後瀝乾切碎、辣椒洗淨去籽切絲。

2 起油鍋，中火以半煎炸方式炸至四季豆微皺，盛起備用。

TIP ─────────────────

煎炸四季豆的步驟也可用烤箱或氣炸鍋處理，四季豆不重疊平
放在烤盤上，噴一點油，用 150℃烤約 12 分鐘或直到微皺為止。

3 原鍋倒入絞肉，炒到金黃色後，倒入蒜末、蔥花、辣椒
絲、蝦米碎慢慢煸香，再倒入步驟2炸好的四季豆拌炒。

TIP ─────────────────

這步驟是提味的來源，必須充分爆香。

4 加入鹽、白胡椒粉、豆瓣醬，小火翻炒後嗆入米酒，沿鍋
邊倒入醬油，拌後再加入烏醋、香油即可。

（副菜） **港式蔥油醬**

保存方式・時間 建議冷藏保存，1週內食畢

【材料】

蔥末 … 200 g
薑末 … 80g
沙拉油 … 150 g

▨ 調味料
鹽 … 4 g
糖 … 10 g

【作法】

1　取一鋼盆，放入蔥末、薑末、糖、鹽充分混和。

2　沙拉油分成兩等份各75g，先將一份油加熱至鍋底起深油紋，再慢慢倒入鋼盆中，接著倒入另一份冷油降溫，放涼後移至密封盒，冷藏至隔日食用。

COOKING POINT

1, 若不想其他菜餚味道混和，可用小防油杯盛裝再放入便當中。
2, 用冷油降溫目的是為保持蔥的翠綠度。
3, 放置一日後，蔥、薑的味道會更融合。

造型便當 · 胡文舒 Wensu

（副菜） **淺漬櫻桃蘿蔔**

保存方式・時間 建議冷藏保存，1週內食畢

【材料】

櫻桃蘿蔔 … 5 個

▨ 醬料
米醋 … 15g
糖 … 25g

【作法】

1　櫻桃蘿蔔橫放，前後各放一根筷子，直切成底部不切斷的薄片。

2　保存容器中先將醋和糖調和後，再放入櫻桃蘿蔔，醃漬1小時 即可食用。

COOKING POINT

醃漬越久，櫻桃蘿蔔的顏色會變淡，醃漬糖醋水會變淡粉紅色，用小碟盛裝也很漂亮。若想保持櫻桃蘿蔔的紅色，醃漬 1 小時即可從糖醋水中取出。

日式醬燒牛小排便當

主菜：
- 日式醬燒牛小排

副菜：
- 小雞厚蛋燒
- 蒜香黃金炒飯
- 和風巴薩米克醋彩蔬沙拉
- 蜂蜜醬地瓜

日式醬燒牛小排

| 保存方式・時間 | 建議常溫保存，當天食畢

【材料（2人份）】

無骨牛小排燒烤肉片 … 200g

◊ 醬料
市售燒肉醬 … 2 大匙
清酒 … 1 小匙
蒜泥 … 1/4 小匙
白味噌 … 1/2 小匙

【作法】

1 無骨牛小排燒烤肉片放入深盤內，倒入醬料材料均勻混和。

2 用叉子戳刺牛小排肉片，再將肉片和醃料混和，確認每一片都沾到醬料，醃20分鐘。

TIP
先用叉子或斷筋器戳刺牛肉表面數處，可使肉質口感更軟嫩。

3 平底鍋倒入一點油，鍋熱後放入牛小排，煎到兩面微焦糖色即可。

4 依照使用的便當盒尺寸，切成適當尺寸的四方塊。

副菜 小雞厚蛋燒

| 預備的工具 |

夾子、剪刀、圓形打洞器、吸管、心型食物叉

| 保存方式・時間 |

建議常溫保存，當天食畢

【材料（2 人份）】

雞蛋 … 3 顆

柴魚高湯 … 40c.c.

砂糖 … 1.5 小匙

鹽 … 1/2 小匙

紅蘿蔔 … 少許

無調味海苔 … 1 片

番茄醬 … 少許

【作法】

1 取一容器混和高湯和蛋液後過篩，再加入砂糖、鹽拌勻。

TIP

蛋液過篩後，煎出來的厚蛋燒顏色較平均。

2 用廚房紙巾在玉子燒鍋內均勻抹上一層油，鍋子微溫時倒入一半蛋液，待蛋液半凝固時，用鍋鏟將蛋上下摺疊。

3 倒入剩下的蛋液，半凝固時再次摺疊做成厚蛋燒。

4 依照使用的便當盒尺寸，配合日式醬燒牛小排切成適當大小的四方塊。

5 紅蘿蔔切薄片後燙熟備用。用圓形海苔打洞器壓出圓形當眼睛。吸管輕壓成橢圓形，將紅蘿蔔片壓出橢圓形當嘴巴。用剪刀將海苔剪出小雞腳。

6 剪一條小細條海苔貼到嘴巴中間，以夾子夾取將眼睛、小雞腳、嘴巴放到厚蛋燒適當位置上（紅蘿蔔可用美乃滋幫助固定在厚蛋燒上），番茄醬點上腮紅，最後叉上心型食物叉當雞冠即可。

TIP

若無心型食物叉，也可用番茄醬或紅甜椒點綴。日式的厚蛋燒有柴魚香和淡淡甜味，是很適合小朋友的口味喔！

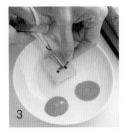
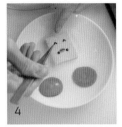

（副菜）**蒜香金黃炒飯**

【材料（約 2 人份）】

白飯 … 兩碗　　　　葱花 … 適量
雞蛋 … 1 顆
美乃滋 … 1 大匙　　◎ 調味料
長條培根 … 2 片　　醬油 … 2 小匙
中型洋蔥 … 1/4 個　鹽 … 1 小匙
蒜末 … 2 小匙　　　白胡椒粉 … 少許

| 保存方式 · 時間 | 建議冷藏保存，2 天內食畢 |

【作法】

1 取一容器將白飯和2顆打散的生蛋拌
　勻，再加入美乃滋備用。

TIP
白飯先和蛋拌勻就能炒出粒粒分明的金
黃炒飯。

2 洋蔥洗淨去皮切丁，培根切小塊。
　小火熱鍋，倒入少許油，爆香蒜
　末，再加入洋蔥丁和培根，慢慢炒
　出香味。

3 將步驟 1 拌勻的飯倒入鍋中慢慢翻
　炒至整體呈現金黃色。

4 再加入鹽、胡椒粉、葱花，沿鍋邊
　倒入醬油，翻炒至有香味即可。

【材料（3-4 人份）】

南瓜 … 100g

綠櫛瓜 … 1/2 根

紅甜椒 … 1/2 顆

黃甜椒 … 1/2 顆

小黃瓜 … 1/2 根

小番茄 … 4 顆

▧ 醬料

巴薩米克醋 … 1 大匙

橄欖油 … 2 大匙

糖 … 1 小匙

醬油 … 1 大匙

芝麻油 … 1 大匙

蜂蜜 … 1 大匙

檸檬汁 … 少許

| 保存方式・時間 | 建議冷藏保存，2天內食畢

【作法】

1　南瓜、櫛瓜洗淨切成0.5cm切片；紅椒、黃椒洗淨去芯切條；小黃瓜洗淨切片；小番茄洗淨去蒂對切。

2　取一容器，放入巴薩米克醋、橄欖油、糖、醬油、芝麻油、蜂蜜、檸檬汁拌勻備用。

3　南瓜、櫛瓜、紅椒、甜椒用烤箱180℃烤約12-14分鐘，烤到表面上色。

4　取出步驟3放入容器中，趁熱淋上步驟2，再加入小黃瓜和番茄。

5　放涼後即可食用。

COOKING POINT

烤蔬菜可讓蔬菜中的水分散出，讓味道濃縮，若不用烤箱，也可以用平底鍋煎熟後再扮醬料。

蜂蜜醬地瓜

【材料（3-4 人份）】

日本栗子地瓜 ⋯ 2 條

▨ 調味料

糖 ⋯ 1 大匙
味醂 ⋯ 1 大匙
醬油 ⋯ 0.5 大匙
蜂蜜 ⋯ 1 小匙

【作法】

1　栗子地瓜洗淨擦乾，滾刀切成一口大小，油炸 3 分鐘，起鍋備用。

2　將地瓜放入另一乾淨鍋子，加入醬料輕拌並邊煮到收 汁即可。

TIP

地瓜用炸的方式處理，形狀較完整。若不想用炸的，也可先微 波 3-4 分鐘後，再用平底鍋煎至外層上色。栗子地瓜纖維少、 口感香鬆、甜度高，薄博的外皮適合連皮一起食用，紫皮黃肉 的色澤也更豐富便當色彩。

造型便當・胡文舒 Wensu

便當 51

萬聖節豆皮壽司便當

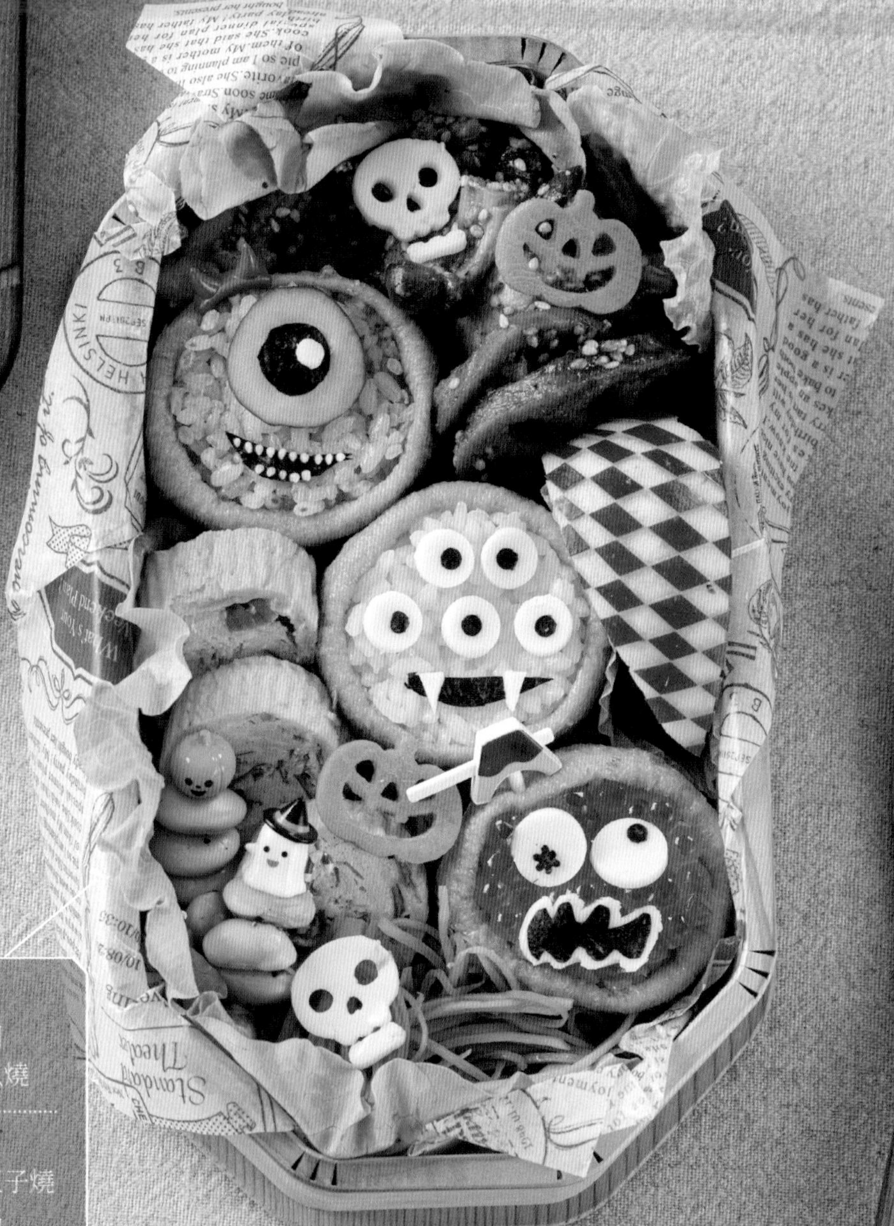

主食：
- 怪獸豆皮壽司
- 胡麻味噌鮭魚燒

副菜：
- 櫻花蝦蔥花玉子燒
- 黑胡椒毛豆串
- 糖醋蓮藕

怪獸豆皮壽司

| 預備的工具 | 夾子、剪刀、圓形海苔打洞器、
大小圓形壓模（或吸管）、食物叉、食物雕刻刀
| 保存方式·時間 | 建議常溫保存，當日食畢

造型便當·胡文舒 Wensu

【材料（1 人份）】

市售四角豆皮壽司用豆皮 … 3 個
醬漬鮭魚卵 … 少許
台灣彩色營養米薑黃口味 … 適量
台灣彩色營養米綠藻口味 … 適量
白色起司片 … 1 片
無調味海苔 … 少許
小黃瓜 … 適量

【作法】

1 豆皮開口處反摺一小段，再分別將煮好的、不同色的台灣
彩色營養米填入豆皮。

多眼怪造型

1 準備一個填入台灣彩色營養米薑黃口味的豆皮壽司。

2 用圓形壓模器將白色起司片壓出5個圓形，用圓形海苔打洞
器將海苔壓出5個圓型，用剪刀將海苔剪出1個彎月型當作
嘴巴，食物雕刻刀將白色起司片切出2個尖牙齒。

TIP
飯涼了之後再放上海苔或起司裝飾，可防止海苔和起司變形。

3 將步驟 2 的組件放到豆皮壽司上適當位置，圓形起司可沾
一點美乃滋幫助固定位置。

單眼怪造型

4 準備一個填入台灣彩色營養米綠藻口味的豆皮壽司。

5 選適當大小直徑的小黃瓜切薄片，底部沾點美乃滋幫助固定，放到飯上。

6 用圓形壓模（或珍珠奶茶吸管）在海苔上壓出圓形，剪下圓形海苔後放到小黃瓜上。

   TIP
   海苔貼到飯上容易因濕氣變捲，剪海苔時可將海苔對摺，剪出兩個同樣形狀的海苔，重疊裝飾可讓形狀較美觀。

7 用小吸管將白色起司片壓出小圓形，再放到圓形海苔上，即完成眼睛。

8 用剪刀將海苔剪出嘴巴，用三明治袋裝美乃滋，尖端剪小洞，在海苔上擠出小點當牙齒。

鮭魚卵怪造型

9 準備一個填入台灣彩色營養米的豆皮壽司，上方保留一點空間鋪一層鮭魚卵。

10 用圓形壓模器將白色起司片壓出2個圓形，用圓形海苔打洞器將海苔壓出2個圓型再用圓形，用剪刀將海苔剪出不規則形狀的嘴巴，將海苔嘴巴貼到白色起司片上，再用食物雕刻刀沿著嘴巴外型切下來。

11 將步驟10的組件放到豆皮壽司上適當位置即可。

▨ 以天然色粉染白飯法
天然色粉少許加水 5c.c. 混和，加入白飯中，以切拌方式均勻混和著色。

黃色：薑黃粉

紅色：甜菜根粉或紅麴粉

黑色：竹炭粉

綠色：抹茶粉或天然色粉（烘焙材料行可購得）

橘色：紅蘿蔔汁或天然色粉（烘焙材料行可購得）

胡麻味噌鮭魚燒

| 保存方式 · 時間 | 建議常溫保存，當天食畢

【材料（2 人份）】

鮭魚 … 250g
鴻禧菇 … 100g
巴西里 … 少許

※ 調味料
白味噌醬 … 1 大匙
美乃滋 … 1 大匙
砂糖 … 1 小匙
白芝麻 … 適量
白胡椒粉 … 少許

※ 醬料
醬油 1 大匙、味醂 … 1 大匙

【作法】

1 鮭魚切成一口大小，用醬料醃製30分鐘。

2 平底鍋放入一點油，熱鍋放入鮭魚塊煎至表面上色，盛起備用。

TIP ————————————
鮭魚先切塊後再煎，較易熟且口感鮮嫩，是節省料理時間的方法。

3 用鍋中餘油炒鴻禧菇，待熟後再加入鮭魚塊，續入白味噌醬、美乃滋、砂糖拌炒均勻。

TIP ————————————
鴻禧菇含有生物鹼，務必煮熟後才可食用。美乃滋下鍋後會化成油，若想減少油脂，可在鴻禧菇下鍋前先用廚房紙巾擦掉鍋中部份油脂。

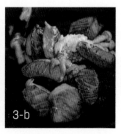

櫻花蝦蔥花玉子燒

【材料（2 人份）】

雞蛋 … 3 顆
蔥 … 1 根
櫻花蝦 … 4g
烹大師 … 1/2 小匙
水 … 15c.c.
太白粉 … 1/2 小匙

※ 調味料
鹽 … 少許
胡椒粉、糖 … 少許（依喜好調整）

| 保存方式・時間 | 建議冷藏保存，2 天內食畢

造型便當・胡文舒 Wensu

【作法】

1 取一容器打入3顆雞蛋；蔥切細末；太白粉加
  水調和，再和其他剩餘材料全部混和拌勻。

2 玉子燒鍋倒入少許油，用廚房紙巾在鍋內均勻
  抹上一層油，鍋子微溫時倒入1/3蛋液，待蛋
  液半凝固時，用鍋鏟從前方向身體這端捲，完
  成後再推回前端，重複倒蛋液和捲的步驟共兩
  次。

3 放涼後切成適當厚度即可。

※ **玉子燒是不敗的冷便當配菜**
可以利用各種工具和食材，烹調出各
種外型與口味的玉子燒。這道菜的玉
子燒捲好後趁熱可將外觀稍微整形，
用烘焙紙包著，再用壽司竹簾捲壓，
外表就會有竹簾的凹凸壓痕。

黑胡椒毛豆串

| 預備的工具 | 竹叉
| 保存方式·時間 | 建議冷藏保存，3 天內食畢，冷凍 3 星期

【材料（約 4 人份）】

毛豆仁 … 300g
八角 … 2 粒
花椒粒 … 1 小匙
蒜末 … 1 小匙
水 … 1L

▨ 調味料

鹽 … 1 小匙
粗黑胡椒粉 … 1/2 小匙
香油 … 少許

【作法】

1 毛豆加入鹽（份量外）搓一搓以去除外殼絨毛後，用清水洗掉鹽，再用剪刀剪去頭尾一小部分。

2 大鍋放 1 L水加1小匙鹽、八角、花椒粒煮沸，放入毛豆煮約8分鐘，準備一盆冰水（份量外），將煮好的毛豆放入冰水中冰鎮後撈起瀝乾。

TIP

用高溫沸騰的水、不加蓋、煮好後立刻冰鎮降溫都可保持毛豆顏色翠綠美觀。

3 將毛豆和蒜末、所有調味料拌勻即可。

─── COOKING POINT ───

作為便當菜時可先將毛豆仁取出，用竹籤串在一起，食用時更方便，也有不錯的視覺效果喔！毛豆有「植物之肉」的美稱，毛豆富含豐富的蛋白質和膳食纖維，適量食用對身體有益。

糖醋蓮藕

【材料（3-4 人份）】

蓮藕 … 200g

太白粉 … 3 大匙

白芝麻 … 適量

※ 醬料

醬油 … 1 1/2 小匙

醋 … 2 大匙

糖 … 2 大匙

味醂 … 1 小匙

【作法】

1 蓮藕削皮後切成約0.4cm薄片狀，泡水3分鐘去澀味，
取出後用廚房紙巾輕壓吸除表面水分。

2 用網篩在蓮藕片兩面篩一層薄薄的太白粉，平底鍋加一點
油，放入蓮藕片煎到呈微微透明。

TIP

撒太白粉在蓮藕表面後料理可讓吸附醬料，使蓮藕片更有味道，
若希望降低熱量，也可省略此步驟。

3 先將所有醬料混和均勻，倒入步驟2中，煮到收汁，再加
入適量白芝麻即可。

COOKING POINT

挑選蓮藕時，選擇顏色呈黃白、藕節圓胖、藕肉硬實的脆藕，脆藕口感清脆爽
口，適合煎、炒、涼拌料理。

咖哩起司炒飯餃便當

主菜：
· 酥炸咖哩起司炒飯餃

副菜：
· 日式漢堡排
· 溏心蛋
· 味噌鹽麴拌青花菜
· 糖醋蓮藕

酥炸咖哩起司炒飯餃

| 保存方式・時間 | 建議常溫保存，當天食畢

【材料（3-4 人份）】

白飯 … 2 碗
洋蔥 … 1/4 顆
蒜頭 … 2-3 瓣
豬絞肉 … 100g
毛豆仁 … 適量
水餃皮 … 12-15 張
起司片 … 3 片
麵包粉、麵粉 … 3 大匙
雞蛋 … 1 顆
水 … 1 大匙

▨ 調味料

咖哩粉 … 2 小匙
番茄醬 … 2 小匙
鹽 … 1 小匙
糖 … 1 小匙

【作法】

1 蒜洗淨去皮切末；洋蔥洗淨去皮切丁；白飯放涼，備用。

2 冷鍋冷油倒入蒜頭慢慢爆香，再放入洋蔥丁炒到透明後，加入豬絞肉，將豬絞肉炒到變色後再倒入白飯，慢慢將白飯炒散，再加入毛豆仁翻炒。

3 加入所有調味料拌炒均勻，起鍋放涼備用。

4 用桿麵棍將水餃皮桿薄，1片起司片切成四或六等分，水餃皮包入適量炒飯，炒飯中間放1份起司片，水餃皮收口沾點水，捏緊密合。

5 將麵粉、雞蛋、水調成麵糊，將包好的咖哩起司餃依序沾上麵糊、麵包粉，再油炸至金黃即可。

造型便當・胡文舒 Wensu

1

2

3

4

COOKING POINT

1, 可一次包好、裹好麵糊、麵包粉後冷凍，從冷凍拿出直接油炸。
2, 使用氣炸鍋調理：表面噴油，設定 180℃ 氣炸至金黃即可。

副菜 日式漢堡排

【材料（4-5 個）】

豬絞肉 … 180g
牛絞肉 … 70g
洋蔥 … 1/2 顆
雞蛋 … 1 顆
麵包粉 … 5 大匙

※ 調味料

牛奶 … 20c.c.
鹽 … 1/2 小匙
黑胡椒粉 … 少許

※ 醬料

水 … 50c.c.
番茄糊 … 40g
番茄醬 … 20g
水 … 50 c.c.
黑糖 … 10-15g
梅林醬 … 10g
（若無可省）
黑胡椒粉 … 適量

| 保存方式・時間 | 建議冷藏保存，2 天內食畢；冷凍保存 3 星期

副菜 溏心蛋

| 保存方式・時間 | 建議冷藏保存，3 天內食畢

【材料（4 人份）】

常溫雞蛋 … 4 顆

※ 醬料

醬油 … 50c.c.
清酒 … 1 大匙

糖 … 1 小匙
水 … 1500c.c.
味醂 … 50c.c.
八角 … 1 顆

【作法】

1 冷藏雞蛋泡常溫水20分鐘，
讓雞蛋恢復至常溫。

2 醬汁材料全部放入鍋中煮
滾，放涼備用。

3 取另一湯鍋煮水（可淹沒蛋的
份水量），水滾後加入1小匙
鹽，輕輕放入雞蛋，計時煮
5-6分鐘（依喜好口感增減），
邊煮邊用湯匙輕輕攪拌，可
讓煮好的蛋黃位置置中。

4 將煮好的蛋立刻放進冰水中降溫，降溫完成後，
輕敲碎蛋殼，並在水裡剝殼，較容易剝得漂亮。

TIP

可先將雞蛋冷藏1星期後再料理，會更容易剝除蛋殼。

5 將剝好殼的蛋完全浸泡在放涼的醬汁中，冷藏24
小時後即可食用。

TIP

也可不加八角，醬油改用柴魚醬油即為柴魚口味溏心
蛋。

【作法】

1 洋蔥洗淨去皮切丁，微波4-5分鐘至熟，或用平底鍋炒到透明，放涼備用。

2 絞肉加入所有材料與調味料，攪打至產生黏性。

3 取適量在兩手掌心整成有厚度的橢圓，中央用手指輕壓出一個凹痕。

   TIP
   漢堡排做稍有厚度，吃起來較多汁不乾澀，中央壓一個凹痕是為了調整厚度，幫助調理時中心位置更快熟。若為便當使用，可做小一些，方便盛裝也方便食用。

4 平底鍋小火熱油，放入漢堡排煎至外型定型後，加入醬汁材料中50c.c.的水，蓋鍋蓋小火燜煮5分鐘，再倒入醬汁的其他材料煮到濃稠，起鍋前放一小塊奶油在漢堡排上，奶油融化後即可食用（也可依喜好擠上美乃滋）。

副菜 **味噌鹽麴拌青花菜**

| 保存方式 · 時間 | 建議常溫保存，當天食畢

【材料（2-3人份）】

青花菜 … 1株
培根 … 適量
紅蘿蔔絲 … 適量

※ 調味料

白味噌醬 … 1大匙
鹽麴 … 1大匙
糖 … 少許
柴魚片 … 少許

【作法】

1 青花菜洗淨，切成適當大小，去梗皮；紅蘿蔔切絲或雕花。

2 煮一鍋水，加入1小匙鹽，放入青花菜燙熟後，放入冰水中冰鎮再瀝乾。

3 紅蘿蔔絲（花）微波加熱2分鐘。

4 培根肉切小塊，煎熟起鍋備用。

5 將培根肉、紅蘿蔔絲（花）和白味噌醬、鹽麴、糖拌勻，最後撒上柴魚片即可。

便當 53

金黃豆腐蝦球便當

主菜：
- 金黃豆腐蝦球
- 彩色球毯壽司

副菜：
- 和風蓮藕牛蒡
- 蛋皮花捲
- 胡麻鹽青花菜蘆筍

金黃豆腐蝦球

| 保存方式・時間 |
建議冷藏保存 2 天，再用烤箱或氣炸鍋覆熱

【材料（3-4 人份）】

帶尾去殼蝦 … 250g
板豆腐或木棉豆腐 … 60g
中型洋蔥 … 1/4 顆
太白粉 … 2 大匙

※ 調味料
鹽 … 1 小匙
胡椒粉 … 適量

[麵衣]
雞蛋 … 1 顆
麵粉、麵包粉 … 適量

【作法】

1 洋蔥洗淨去皮用切細丁；去殼帶尾蝦子洗淨擦乾後，連接尾部的蝦身大概留2cm左右切斷備用；其餘切下來的蝦身部分用調理機打成蝦泥。

2 豆腐放在盤上，上面用稍有重量的盤子壓著1小時，讓水分流出，再將豆腐拿起，用兩手掌心用力盡量壓出剩餘水分。

TIP

蝦子和豆腐的水分盡量去除，混和材料時才不會因為太濕而無法成型，若實在太軟，可再 1 匙 1 匙慢慢加入太白粉至容易操作的程度。

3 將蝦泥、洋蔥細丁、豆腐、鹽、胡椒粉、太白粉混和，用力摔打至有黏性。

4 分批取適量大小，做成圓扁形，包入備用的帶尾蝦身，露出蝦尾，整成圓形。

5 依序沾麵粉、蛋汁、麵包粉，輕壓讓麵包粉服貼的更密合。

6 起油鍋至180℃，放入蝦球油炸至金黃色即可。

1-a 1-b 1-c 2 3 4-a 4-b 5 6

▨ 氣炸鍋可以讓油炸料理
　在待冷便當時更清爽

若以氣炸鍋調理：氣炸鍋設定攝氏 180℃
預熱 3 分鐘，表面均勻噴上油後，氣炸約
10-12 分鐘（請依實際狀況調整）至金黃
色即可。

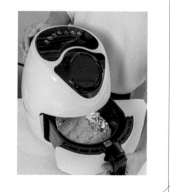

彩色球毯壽司

| 保存方式・時間 | 建議常溫保存，當天食畢

【材料（1人份）】

白飯 … 1 碗
小黃瓜 … 1 根
玉米粒 … 少許
香鬆 … 少許
甜菜根粉 … 少許
鹽漬櫻花 … 兩朵

※ 調味料

壽司醋 … 1 小匙
黑胡椒粉 … 少許
海苔粉 … 少許

【作法】

1　一鍋白飯趁熱拌入壽司醋，用切拌方式使白飯慢慢吸收壽司醋，放涼備用，分成三份，用保鮮膜包著捏成三顆圓飯糰。

TIP
可用調理秤秤飯的重量再捏成飯糰，即可作成大小相同的飯糰。

2　**小黃瓜飯糰：**小黃瓜用水果削皮器削出三片薄片，再從中間去除籽的部分切開成細條，將黃瓜細條放在保鮮膜上排成「米」字，將一個小飯糰放到米字中間，再將保鮮膜拉起捲緊，小黃瓜就會服貼在飯糰上，打開保鮮膜取出飯糰，再撒上香鬆即可。

3　**玉米美乃滋飯糰：**捏成圓形的飯糰上方用手指壓出一個小凹槽，將玉米粒放到凹槽內，擠上美乃滋，撒黑胡椒粉和海苔粉即可。

4　**鹽漬櫻花飯糰：**甜菜根粉加少許水拌勻，再放入壽司飯拌至整體染色，用保鮮膜包著捏成圓形。鹽漬櫻花泡水沖掉鹽分，取出用廚房紙巾擦乾，再放到飯糰上即可。

造型便當・胡文舒 Wensu

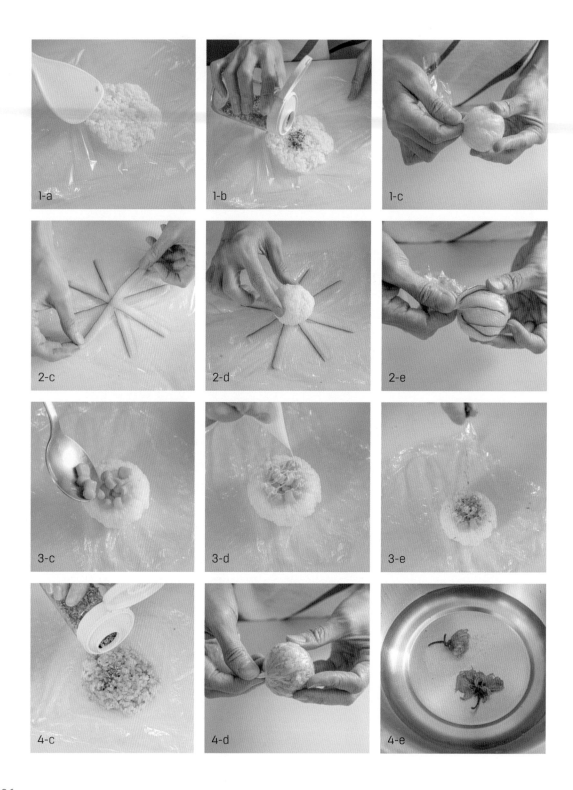

2-a

2-b

3-a

3-b

4-a

4-b

4-f

4-g

副菜 和風蓮藕牛蒡

【材料（約 4 人份）】

紅蘿蔔 … 60g
牛蒡 … 60g
蓮藕 … 80g
熟白芝麻 … 少許

※ 調味料

麻油 … 1 大匙
米醋 … 1 小匙
醬油 … 1/2 大匙
鹽 … 1 小匙
味醂 … 1 大匙
紅辣椒 … 適量

|保存方式・時間| 建議冷藏保存，3 天內食畢

【作法】

1 紅蘿蔔與牛蒡刨絲。蓮藕切成厚約0.3cm的切片，再對切成半圓形，泡水去澀。辣椒去籽並切成段。

2 平底鍋倒入麻油，小火溫熱後，再放入步驟 1 食材，小火慢慢炒熟後，再倒入其餘調味料慢慢翻炒至收汁，再撒上熟白芝麻即可。

COOKING POINT

牛蒡削皮切開後的剖面接觸空氣會氧化，可在刨絲後先泡醋水（1L 水加 1 小匙白醋）即可防止發黑並去除澀味。牛蒡有豐富鐵質和纖維質，為了保存營養素，盡量切好、泡一下醋水就馬上煮，同時避免長時間烹煮以免營養流失。

副菜　蛋皮花捲

| 預備的工具 | 小水果刀或食物雕刻刀
| 保存方式・時間 | 建議常溫保存，當天食畢

【材料（1 人份）】

雞蛋 1 … 顆
鹽 … 少許
糖 … 少許

【作法】

1 取一容器打入蛋後拌勻，蛋液過篩後，加入鹽、糖輕輕拌勻。

2 玉子燒鍋倒入少許油，用廚房紙巾在鍋內均勻抹上一層油，鍋子微溫時倒入蛋液，讓蛋液在鍋內形成一層薄蛋皮，熄火並蓋上鍋蓋燜至熟（邊緣微翹），拿起放涼備用。

3 將蛋皮切成寬約3cm的長條，用水果刀在中段切出條紋（上下保留1cm不切斷），切好後對折，由一端慢慢捲起，捲到底後再用牙籤或食物叉固定。

副菜　胡麻鹽青花菜蘆筍

【材料（4 人份）】

青花菜 … 80g
蘆筍 … 60g
研磨白芝麻 … 少許

※ 調味料
胡麻醬 … 2 大匙
鹽 … 適量

【作法】

1 青花菜洗淨後切小朵去梗皮；蘆筍削掉根部硬皮、切段。

2 一鍋水加1大匙鹽煮至沸騰後，放入青花菜與蘆筍汆燙至熟，撈起瀝乾，趁熱放入研磨白芝麻，放涼後再倒入胡麻醬和鹽調味即可。

TIP

滾水中也可倒入少許沙拉油以保持水煮蔬菜的色澤。

| 保存方式・時間 | 建議冷藏保存，2 天內食畢

便當 54

雙彩壽司便當

主菜：
- 照燒鮭魚壽司捲
- 韓式燒肉壽司捲

副菜：
- 日式柚香唐揚雞
- 蜂蜜芥末美乃滋拌彩蔬
- 甜味玉子燒

照燒鮭魚壽司捲

| 預備的工具 | 壽司竹簾、保鮮膜
| 保存方式・時間 | 建議常溫保存，當餐食畢

造型便當・胡文舒 Wensu

【材料（1 人份）】

白飯 … 1 碗
鮭魚排 … 100g
小黃瓜 … 1/4 條
玉子燒、蟹肉棒 … 2 條
香鬆 … 少許
美乃滋 … 適量
壽司用無調味海苔 … 一張
壽司醋 … 1 大匙

▨ 調味料

醬油 … 1 大匙
味醂 … 1 大匙
清酒 … 少許

【作法】

1 鮭魚用醬油、味醂醃20分鐘，用平底鍋煎熟即為照燒鮭魚。用叉子壓碎，放涼備用。

2 小黃瓜切長條去籽；玉子燒（作法請見P.295）切長條；蟹肉棒用熱水燙備用。

3 白飯趁熱加入壽司醋，以切拌方式讓白飯慢慢吸收，放置自然冷卻後使用。

4 在壽司竹簾上鋪好一張海苔，海苔尾端保留1cm，其餘部分均勻鋪上壽司飯，在接近尾端的壽司飯上撒上櫻花粉，在飯上蓋上保鮮膜後，抓著保鮮膜和海苔一起翻轉成為保鮮膜在下、海苔在上的狀態。

5 在海苔上依序放上鮭魚碎、小黃瓜條、玉子燒條、蟹肉棒、香鬆，擠少許美乃滋，用竹簾慢慢將壽司捲起，邊捲邊將保鮮膜拉出，以免連保鮮膜一起捲進。

6 捲好後用保鮮膜包覆整個壽司捲，頭尾扭轉固定，連著保鮮膜一起切適當大小，再取下保鮮膜。

TIP
切壽司的刀子越利越容易切，切之前先用濕抹布擦一下刀子可防飯沾，每切一次就擦一次。

2-c

3-a

4-c

4-d

5-c

5-d

6-d

6-e

韓式燒肉壽司捲

| 預備的工具 | 壽司竹簾、保鮮膜
| 保存方式‧時間 | 建議常溫保存，當餐食畢

【材料（1人份）】

白飯 … 1 碗
牛小排肉片 … 100
蒜頭 … 2 瓣
洋蔥絲 … 50g
紅蘿蔔絲、小黃瓜、玉子燒 … 適量

壽司用無調味海苔 1 張、壽司醋 … 1 大匙

◎ 調味料
韓式燒肉醬 … 3 大匙
白胡椒粉 … 少許

【作法】

1 牛小排肉片用燒肉醬醃10分鐘，蒜切末，洋蔥切絲。

2 平底鍋加少許油，放入蒜片爆香，加入洋蔥絲拌炒到透明，再放入醃好的肉片，炒熟後再撒上胡椒粉，起鍋放涼備用。

   TIP
   做壽司的內餡可以調的味道重一些，和壽司飯搭配著一起吃剛剛好。

3 小黃瓜切長條去籽，玉子燒（作法請見P.295）切長條，紅蘿蔔絲用芝麻油炒熟後，加入白芝麻和鹽調味。

   TIP
   小黃瓜籽的部分容易出水，先去掉可避免影響口感。

4 白飯趁熱加入壽司醋，以切拌方式讓白飯慢慢吸收，放置自然冷卻後使用。

5 在壽司竹簾上鋪好一張海苔，海苔尾端保留1cm，其餘部分均勻鋪上壽司飯，在接近尾端的壽司飯上撒上海苔粉，在飯上蓋上保鮮膜後，抓著保鮮膜和海苔一起翻轉成為保鮮膜在下、海苔在上的狀態。

6 在海苔上依序放上燒肉、小黃瓜條、玉子燒條、紅蘿蔔絲，擠少許美乃滋，用竹簾慢慢將壽司捲起，邊捲邊將保鮮膜拉出，以免連保鮮膜一起捲進，捲好後用保鮮膜包覆整個壽司捲，頭尾扭轉固定，連著保鮮膜一起切適當大小，再取下保鮮膜。

副菜 **日式柚香唐揚雞**

【材料（3-4 人份）】

無骨雞腿排 … 350g
太白粉 … 3 大匙
低筋麵粉 … 3 大匙

※ 醬料

醬油 … 1 1/2 大匙
清酒 … 1 大匙

砂糖 … 1 小匙
蒜泥 … 1 小匙
薑泥 … 1 小匙
柚香胡椒鹽 … 1/2 大匙
白胡椒粉 … 少許
檸檬皮 … 少許

【作法】

1 將無骨雞腿排切成一口大小，將所有醬料放入容器中拌
　匀，可刮入少許檸檬皮增添香氣，再放入的雞腿塊混和均
　匀，放置30分鐘。

　TIP ————————————————————
　若無柚香胡椒鹽，可用鹽和胡椒粉取代，即為原味唐揚雞。

2 太白粉3大匙和低筋麵粉3大匙混和，將醃好雞腿塊表面均
　匀沾粉。

3 起油鍋，油溫加熱至180℃時，將雞腿塊放入鍋中，以中火
　油炸至金黃色，撈起至篩網上瀝油。

4 撒少許檸檬皮屑，再放上乾辣椒絲即可。

　TIP ————————————————————
　若有柚子皮取代檸檬皮為佳。刮皮時只取用表面薄薄一層有顏
　色部分，刮太深會刮到帶苦味的白色部分，影響味道。

造型便當·胡文舒 Wensu

蜂蜜芥末美乃滋拌彩蔬

【材料（3-4 人份）】

紅蘿蔔 … 1/2 條

彩椒 … 1/4 個

綠蘆筍 … 60g

小番茄 … 適量

鹽 … 1 小匙

保存方式‧時間 | 建議冷藏保存，2 日內食畢

▨ 醬料

法式芥末醬 … 1 大匙

蜂蜜 … 1 大匙

醋 … 1/2 大匙

美乃滋 … 1 大匙

糖 … 少許

【作法】

1 紅蘿蔔洗淨去皮切絲；彩椒洗淨去芯切絲；綠蘆筍削去尾
端硬皮，切段燙熟，備用。

TIP ————————————————————————

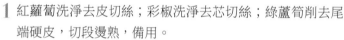

汆燙綠色蔬菜後沖冷水降溫可保持顏色翠綠。

2 煮一鍋水加1小匙鹽，綠蘆筍燙熟後，撈起沖冷水並瀝乾。

3 取一容器，放入所有蔬菜和醬料混和均勻即可。

甜味玉子燒

【材料（2-3 人份）】

雞蛋 … 3 顆

水 … 30c.c.

◎ 調味料

烹大師（柴魚粉） … 1/2 小匙

砂糖 … 1 1/2 大匙

鹽 … 1/2 小匙

味醂 … 1 大匙

鹽、醬油 … 少許

【作法】

1 水和蛋液混和過篩，再加入其他調味料拌勻。

TIP

若蛋液不過篩，攪拌蛋液時筷子盡量從靠近碗底的部分攪拌，避免讓蛋液包入太多空氣。

2 玉子燒鍋倒入少許油，用廚房紙巾在鍋內均勻抹上一層油，鍋子微溫時倒入1/3蛋液，待蛋液半凝固時，用鍋鏟從前方向身體這端捲，完成後再推回前端，重複倒蛋液和捲的步驟共兩次。

3 放涼後，切成適當大小即可。

造型便當・胡文舒 Wensu

COOKING POINT

1, 若蛋液下鍋後有突起的氣泡，可用筷子將氣泡壓破。

2, 放涼後，可分成一餐食用量冷凍保存，直接將冷凍玉子燒放入便當中，中午正好解凍至可食用程度。

竺竺
搞怪靈魂創意便當手

竺竺的造型便當巧思裡，無論是陳時中防疫便當、志村健便當、蝦味先便當還是野口便當，都可以看到她對自己人生記憶的刻畫。曾邀請竺竺到冷便當社直播教學，主題是小丸子便當，當然，她肯定不是選小丸子作為便當主角，而是選喜歡躲在背後掌控全域、發出ㄎㄎㄎ笑聲的野口。我心裡暗忖，野口這個角色，是總是在背後默默觀察眾人，並拿小本子到處記錄他人醜事再搞笑詮釋的喜角，這種特立獨行的野口風格，不正是竺竺的調調嗎？

不像其他多數造型便當走可愛路線，竺竺每年的萬聖節便當總能把人嚇得忍不住顫抖，令人印象深刻。和她聊天時，則可感受到她天馬行空的鬼點子、和對於創作「惡搞便當」的雀躍之情：

「整孩子的便當我不用花腦筋可以想出十幾個，要我出可愛便當，我要想破腦袋才能想出來。」她形容自己是位「沒有少女心的媽媽」，剛開始還會迎合小孩出可愛造型，後來開啟惡整小孩的路數後，就再也回不去了。

就算走上搞怪便當之路，其實背後還是為人母的溫暖心機。

4年前，有嚴重異位性皮膚炎的姐姐升上國小一年級，因要忌口的食材太多，竺竺開始做便當，小二時曾暫停一年，沒想到在寫營養午餐調查表時，姐姐直言再也不想吃營養午餐，每天回家就是不斷地說營養午餐的壞話。這樣的明示太明顯，竺竺當然再次啟動帶便當模式，之後每個做便當的日子，她都絞盡腦汁想用便當讓孩子留下深刻記憶。

「姐姐也被我整成女漢子，帶可愛的（便當）都不要，」竺竺笑說，姐姐雖然嘴巴上說打開便當就翻白眼，但她卻在日記作業本上畫了媽媽做的人臉便當，並寫著：「媽媽昨天幫我帶恐怖便當，很好吃也很好玩。」竺竺希望孩子們長大後，想起媽媽曾經用心幫他們準備的各種惡搞便當，便能會心一笑。

一直到現在，姐弟倆和媽媽一早的對話，就是從「媽媽，今天便當吃什麼？」開場。竺竺說，管小孩心會累，但做便當是讓自己開心的事，好玩，就不會累。

起司小獅王便當

起司小獅王

| 預備的工具 | 花型壓模、圓形壓模、海苔打洞器
| 保存方式・時間 | 建議常溫保存，當天食畢

【材料（1人份）】

起司片 … 1 片
無鹽海苔 … 1 片
炸過的義大利麵條 … 少許

※ 醬料
市售胡麻醬 … 適量

【作法】

1 使用花型壓模壓出一個約5cm、以及2個約0.5cm的黃色起司片。

2 使用圓形壓模壓出約3cm的白色起司片。

3 將步驟2疊在步驟1的花型起司片上。

4 在步驟3的中心下方貼上2個小黃色圓形起司片。

5 使用海苔壓模壓出眼睛、鼻子，再用剪刀剪出6個小黑點海苔。

6 在白色起司片上貼上眼睛，2個黃色小起司片的中間貼上鼻子，並在上面貼各3個小黑點海苔。

7 最後在獅子的左右臉頰各插上2條約2cm左右的炸義大利麵條就完成了。

TIP

沒有海苔壓模也可以使用小剪刀剪出眼睛，用長寬約 1×2cm 的長條海苔對折，剪出圓形後攤開就會有左右兩眼了唷！

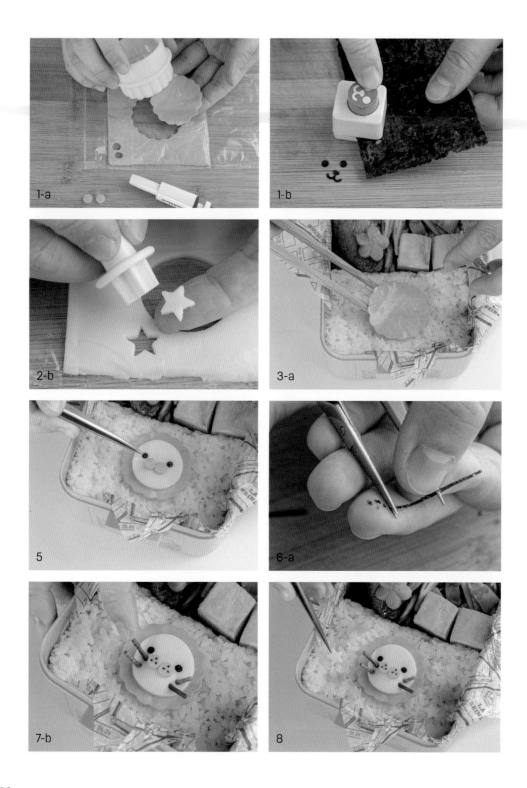

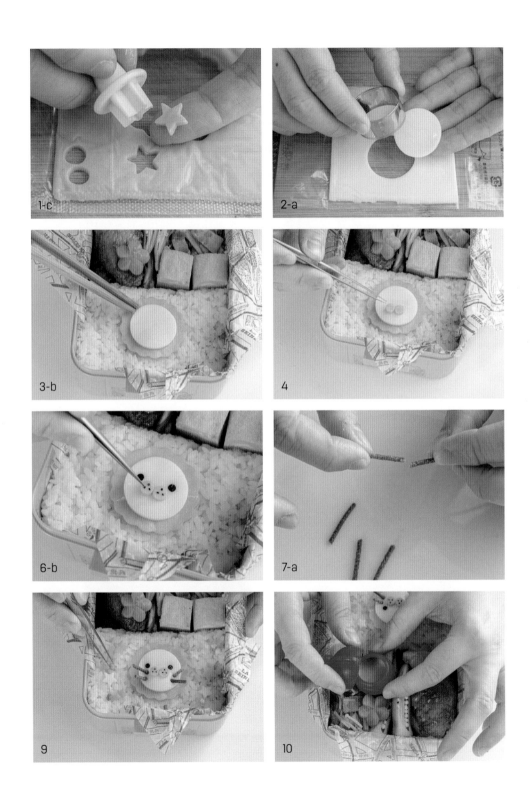

1-c

2-a

3-b

4

6-b

7-a

9

10

氣炸雞翅

| 保存方式・時間 | 建議當天食畢，不建議加熱

【材料（1 人份）】

二節雞翅 … 2 隻

▨ 醬料

Costco 日式燒肉醬 …

【作法】

1 用日式燒肉醬醃漬雞翅最少1小時。

2 將步驟 1 的雞翅放入氣炸鍋，以200℃氣炸10
分鐘即可。

TIP ————————————
氣炸中途可翻面，受熱更均勻。

胡麻秋葵

【材料（1 人份）】

秋葵 … 4 根

▨ 調味料
鹽 … 1 小匙
胡麻醬 … 適量

【作法】

1 煮一鍋水，在滾沸的水中加入1小匙
鹽，放入秋葵煮1分鐘後撈起冰鎮。

2 使用醬料容器裝入胡麻醬，食用前加入
即可。

| 保存方式・時間 | 建議冷藏保存 2 天，食用前常溫回溫

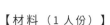

培根金針菇

【材料（2人份）】

金針菇 … 1 包
培根 … 5 片

※ 調味料
鹽、雞粉 … 適量
香油 … 少許

【作法】

1 金針菇洗淨去尾部切成3cm的小段；培根切
　小塊。

2 全部放入微波爐保鮮盒中，使用微波爐高火
　微波2分鐘。

3 取出後以適量鹽、雞粉調味，再拌入少許香
　油即可。

原味玉子燒

【材料（2人份）】

雞蛋 … 2 顆

【作法】

1 蛋打入碗中，用鹽、雞粉調味，將筷子
　抵住碗底輕柔的將蛋液拌勻。

2 熱鍋，鍋中某上一層薄油。蛋液倒入玉
　子燒鍋，用筷子輕柔畫圈攪拌蛋液，待
　七分熟時由上至下捲起。此步驟重複三
　次直至蛋液使用完畢，完成長方體的玉
　子燒。

3 取出放涼後再切塊即可。

河童小黃瓜便當

造型技巧：
▪ 河童小黃瓜

主菜：
▪ 蒜泥白肉

副菜：
▪ 涼拌芥蘭菜
▪ 清燙玉米筍
▪ 溏心蛋

蒜泥白肉

| 保存方式・時間 | 建議冷凍保存 3 天

【材料（2人份）】

五花肉 … 1 條
老薑片 … 3 片
蔥 … 1 根
米酒 … 少許

※ 醬料【蒜蓉醬】
蒜頭 … 1 瓣切末
蔥花 … 1 把
醬油膏 … 1 匙
薄鹽醬油 … 2 匙
醋 … 1/2 小匙
香油 … 少許

造型便當・竺竺

【作法】

1 準備一鍋冷水，將五花肉放進去，開小火煮至滾沸後關火，將五花肉撈出洗乾淨浮沫後備用。

2 重新燒一鍋水，水滾後放入五花肉、蔥和薑片，倒入米酒，轉中小火煮15分鐘，熄火蓋上鍋蓋燜10分鐘。

3 取出五花肉放涼後切片即可。

4 **調製蒜蓉醬：**取一容器放入蒜頭1瓣切末、蔥花1把、醬油膏1匙、薄鹽醬油2匙、醋1/2小匙、香油少許，攪拌均勻即可。要食用五花肉時，或沾或淋即可。

河童小黃瓜

| 預備的工具 | 夾子、星星壓模、削皮器、牙籤
| 保存方式・時間 | 建議常溫保存，當天食畢

【材料（1人份）】

小黃瓜 … 半條
紅蘿蔔 … 少許
芝麻 … 少許

TIP ——————
使用番茄醬當作黏著劑，
造型就可以更牢固喔！

【作法】

1 小黃瓜洗淨，使用削皮器削下一長條綠色外皮，再切成圓片。（厚度約1cm）

2 用星星壓模在小黃瓜外皮壓出數個小星星。

3 用刀子將紅蘿蔔洗淨去皮切出寬度約0.5cm的長條，再切出正方形，對切再切出三角形。

4 便當盒裝飯，再將小黃瓜平均鋪在白飯上，點上番茄醬，貼上星星小黃瓜片，再使用牙籤將芝麻貼成眼睛，三角形起司片貼成嘴巴，就完成可愛的小河童。

副菜 # 涼拌芥蘭菜

| 保存方式・時間 | 建議冷藏保存，2天內食畢

【材料（2人份）】

芥蘭菜 … 1把　　雞粉 … 少許
食用油 … 1匙　　香油 … 適量
鹽 … 1匙　　　　白芝麻 … 少許

【作法】

1 煮一鍋水，放入1匙食用油，水滾後放入芥蘭菜，2分鐘後撈起。

2 趁熱加入1匙鹽，少許雞粉，適量香油。

3 待菜梗也煮軟後，裝盤撒上少許白芝麻即可。

清燙玉米筍

【材料（1人份）】

玉米筍…3隻

【作法】

1 煮一鍋水，水滾後將玉米筍放入氽燙熟即可。

溏心蛋

【材料（1人份）】

雞蛋…1顆
黑胡椒粉…少許

【作法】

1 煮一鍋水，水滾後放入蛋，計時8分鐘，時間到後撈出浸泡冰水。

2 剝殼對切再對切，食用時亦可撒上些許黑胡椒粉。

｜保存方式．時間｜建議冷藏保存，2天內食畢

大便咖哩便當

造型技巧：
▪ 馬桶造型白飯

主菜：
▪ 豬肉咖哩

副菜：
▪ 水煮青花菜

豬肉咖哩

| 預備的工具 | 湯匙，表情壓模，夾子
| 保存方式‧時間 | 冷凍可保存 2 週

【材料（4 人份）】

梅花豬肉 … 600g
洋蔥 … 1 顆
紅蘿蔔 … 1 根
馬鈴薯 … 1 顆

▨ 醬料
市售甘口咖哩塊
　… 4 小塊

【作法】

1 將豬肉切塊，洋蔥、紅蘿蔔、馬鈴薯洗淨去皮切塊。

2 熱鍋放油（份量外），放入步驟1的豬肉塊煎至上色後取出，原鍋炒軟洋蔥。

3 加入紅蘿蔔丁略炒過，後加入步驟2的豬肉，加水蓋過食材。

4 蓋上鍋蓋煮至沸騰，關中小火燉煮10分鐘。

5 加入馬鈴薯塊，再煮約3分鐘。

6 放入市售咖哩一小塊一小塊加入，慢慢攪拌至溶化，拌勻後再次滾沸後熄火蓋上鍋蓋燜至少20分鐘即可。

造型便當‧竺竺

馬桶造型白飯

【作法】

1 將白飯盛入便當盒中，砧板上鋪上保鮮膜，用手捏出長條狀，放入便當盒。

2 另外盛一手掌大的白飯，中間用手壓出凹槽，放入便當盒。

3 將步驟2放進便當盒，裝入煮好的咖哩醬，再用湯匙沾取咖哩醬抹在白飯上。放入水煮青花菜即可。

4 使用壓模壓出表情，嘴巴當成翅膀，眼睛當成身體，貼在白飯上做出蒼蠅。

TIP

咖哩煮好後稍微靜置會更入味，冷卻後可先將咖哩分裝冷凍，下次帶便當時直接拿出一份來加熱，可以大大減少準備便當的時間。

1

2-a

2-b

2-c

副菜 # 燙青花菜

【材料（2人份）】

青花菜 … 半顆

※ 調味料

海鹽 … 1/2 小匙

白胡椒粉 … 1 小匙

【作法】

1 青花菜洗淨後去梗皮，切成適當大小，一旁準備一鍋冰開水。

2 煮一鍋水，水滾後汆燙青花菜，約60秒即可起鍋。隨即放入備好的冰開水中冰鎮，待溫度降下後即可撈起瀝乾。食用時可撒上些許白芝麻提味。

TIP

燙青菜不宜太久除了避免營養流失，也易失去清脆口感。但若是牙齒不好的人食用，就可以稍微燙的久一些。

熱狗小熊壽司便當

造型技巧：
- 熱狗小熊壽司

主菜：
- 櫛瓜炒蝦仁

副菜：
- 瑞典肉丸
- 蒜炒青江菜
- 溏心蛋

熱狗小熊壽司

| 預備的工具 | 壽司竹簾、夾子、海苔壓模、圓形壓模
| 保存方式．時間 | 建議常溫保存，當天食畢

【材料（1 人份）】

熱狗 … 1 根
白飯 … 1 碗
無調味海苔 … 1 片
黃色起司片 … 1 片

░ 醬料
美乃滋（黏著用）

【作法】

1 熱狗先以水煮方式煮熟；桌上鋪上壽司竹簾，
再鋪上一大片無鹽海苔，將白飯平均鋪在海苔
上，尾端留下約2cm海苔不要鋪白飯。

2 放上步驟 1 的熱狗，將壽司捲緊，靜置5分鐘。

3 壽司成適口大小，平放。

4 用圓形壓模在起司片壓出數個圓形，海苔壓模
在海苔上壓出眼睛嘴巴。

5 再將步驟 4 的圓形起司塊對切，黏上熱狗壽司
當作耳朵、鼻子。

6 用夾子夾起表情海苔，沾取少許美乃滋後黏在
熱狗壽司上即可。

造型便當・竺竺

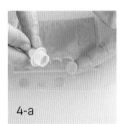

櫛瓜炒蝦仁

│保存方式‧時間│建議常溫保存，當天食畢

【材料（2人份）】

櫛瓜 … 半條
蝦仁 … 5 隻
蒜頭 … 1 瓣

TIP ─────────
香料鹽可用乾燥百里香葉取代。

【作法】

1 草蝦洗淨剝殼去蝦腸泥後切丁；櫛瓜洗淨切丁；蒜頭切末，備用。

2 熱鍋倒油後下蒜末、蝦仁，炒至蝦仁變色後加入櫛瓜。

3 加入適量鹽、雞粉、香料鹽，拌炒均勻即可。

溏心蛋

保存方式／時間、份量、材料和作法請參照 P.329

瑞典肉丸

【材料（1人份）】

瑞典肉丸 … 4 個

▧ 醬料

番茄醬（亦可不用）

【作法】

1 市售瑞典肉丸放入可微波用餐盤，加入少許水。

2 高火微波4分鐘，取出裝入便當，擠上少許番茄醬即可。

TIP ────────

微波時加入少許水，可以讓肉丸更多汁不乾柴。

保存方式・時間｜建議冷凍保存，請按照外包裝有效期限食畢

造型便當・竺竺

副菜

蒜炒青江菜

【材料（1人份）】

青江菜 … 5 朵 　　▧ 調味料

蒜頭 … 1 瓣 　　鹽、米酒 … 少許

【作法】

1 熱鍋下入蒜洗淨去皮切末；青江菜洗淨切適口長度。

2 少許鹽、米酒，翻拌均勻 即可。

保存方式・時間｜建議冷藏保存，2天內食畢，可微波加熱

手藝食日常

命案現場搞怪便當

造型技巧：
- 命案現場效果

主菜：
- 唐揚炸雞

副菜：
- 胡麻波菜
- 氣炸甜不辣
- 溏心蛋

命案現場效果

| 預備的工具 | 小剪刀、烘焙紙、筆、牙籤
| 保存方式‧時間 | 建議常溫保存，當天食畢

【材料（1 人份）】

黃色起司片 … 1 片
白色起司片 … 1 片
無調味海苔 … 1 片

※ 調味料
番茄醬 … 少許

TIP

起司片軟化後會比較不好操作，切割前可放回冰箱冰一下，切下來的邊緣就會很平整喔！

【作法】

1　在烘焙紙上畫上人形，疊在海苔上剪下來。

2　將人形海苔貼在白色起司片上，起司比海苔人形外圍多預留0.5cm，延著邊緣使用牙籤將人形形狀割下來。

3　海苔也剪下寬0.5cm、長1cm的長條數條，黃色起司片切下寬約1cm的長條2條。

4　將海苔間隔約0.5cm斜貼、在步驟 3 的黃起司長條上。

5　便當盒裝好白飯後，待白飯冷卻，鋪上一大片海苔片，放上人形起司片，再交叉放上黃色起司片，邊緣擠上少許番茄醬就完成了。

造型便當‧竺竺

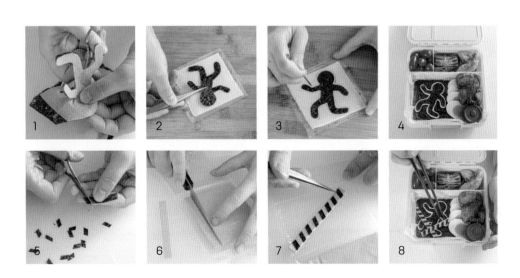

主菜

唐揚炸雞

| 保存方式‧時間 | 建議常溫保存，當天食畢

【材料（2 人份）】

雞胸肉 … 約 300g
高溫油 … 300c.c.

◎ 醬料
市售炸雞粉 … 3 大匙
水 … 3 大匙
日式美乃滋 … 適量

【作法】

1　炸雞粉與水調和成粉漿備用。

2　雞胸肉切成一口大小，加進裡粉漿中醃製10分鐘。

3　鍋中倒入高溫油，加熱至170℃左右。

4　油炸約4分鐘撈出，放在廚房紙巾上稍微吸乾表面油脂即可。

TIP ——————
雞胸肉放入粉漿時間不宜過久，否則口味會太過死鹹。

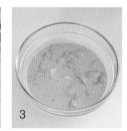

COOKING POINT

日式美乃滋的口味較鹹，配上炸雞能中和油膩感，台式的美乃滋口味上比較甜膩，不建議搭配炸雞一起食用喔！

副菜 ## 溏心蛋

保存方式／時間、份量、材料和作法請參照 P.363

副菜

胡麻菠菜

【材料（1人份）】

菠菜 … 1 小把

芝麻 … 少許

▨ 醬料

胡麻醬 … 適量

【作法】

1 菠菜洗淨後整把放入滾水中煮熟，取出泡冰水。

2 菠菜水分擠乾，去頭不用，其餘切成約4cm的段狀。

3 淋上胡麻醬，撒上適量白芝麻即可。

TIP ——————————

菠菜水分要確實擠乾，才不會讓便當整個濕濕的。

副菜 # 氣炸甜不辣

【材料（1人份）】

冷凍甜不辣 … 100g

▨ 調味料

胡椒鹽 … 適量

【作法】

1 冷凍甜不辣直接放入氣炸鍋，設定180℃氣炸15分鐘。

2 步驟2取出後撒上胡椒鹽即可。

便當 60

單眼鬼怪便當

造型技巧：
▪ 單眼鬼造型

主菜：
▪ 孜然松阪豬

副菜：
▪ 和風四季豆
▪ 照燒香菇竹輪
▪ 蔥花玉子燒

單眼鬼造型

|預備的工具| 小剪刀、小湯匙、翻糖用筆刷
|保存方式‧時間| 建議常溫保存，當天食畢

【材料（1人份）】

海苔 … 1 片
白飯 … 1 晚
市售熟鵪鶉蛋 … 1 顆
竹炭粉 … 適量

【作法】

1 白飯鋪平在便當盒裡，用湯匙挖出一個圓形的凹槽。

2 放入煮熟鵪鶉蛋，用旁邊的白飯將上下稍微蓋住，做出眼皮的感覺。

3 剪出2條細長條海苔，大約3cm。

4 海苔貼在鵪鶉蛋與白飯交界處，做出眼線的感覺。

5 用筆刷沾取少許竹炭粉，掃在眼頭眼尾處加深陰影即可。

TIP

沾取竹炭粉後輕輕敲打筆刷，將多餘的粉打掉，才不會一下筆就一片黑無法挽回。

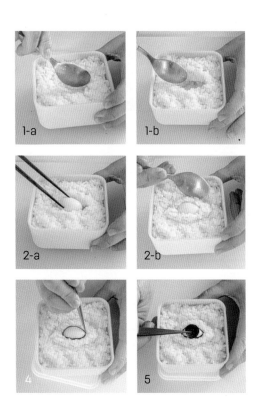

1-a 1-b
2-a 2-b
4 5

孜然松阪豬

| 保存方式·時間 | 建議冷藏保存，2 天內食畢，可微波加熱

【材料（1 人份）】

松阪豬肉 … 300g
蒜頭 … 1 瓣
蔥花 … 1 小把

▨ 調味料
鹽 … 1 小匙
孜然粉 … 1 小匙

【作法】

1 松阪豬切成長寬約1cm的丁狀；蒜頭洗淨去皮切末，備用。

2 熱鍋倒油，下步驟 1 的蒜末及松板豬肉丁，翻炒至變色後加入1小匙鹽及1小匙孜然粉，最後加入蔥花炒勻即可。

和風四季豆

【材料（1 人份）】

四季豆 … 1 把
市售柴魚片 … 適量

▨ 醬料
鰹魚醬油 … 少許

【作法】

1 煮一鍋水，放入四季豆汆燙煮熟。

2 放入便當盒中，加入少許鰹魚醬油。

3 最後撒上柴魚片即可。

| 保存方式·時間 | 建議冷藏保存，2 天內食畢，可微波加熱

照燒香菇竹輪

【材料（1 人份）】

新鮮香菇 … 2 朵
竹輪 … 1 根
白芝麻 … 少許

◎ 醬料
醬油 … 1 大匙
米酒 … 1 大匙
味醂 … 1 小匙
糖、香油 … 少許

｜保存方式‧時間｜建議冷藏保存，2 天內食畢，可微波加熱

【作法】

1 新鮮香菇洗淨切片；竹輪以水略沖，以切滾刀塊。

2 取一容器，放入所有醬料的材料均勻混和。

3 平底鍋開中火，放入步驟1的竹輪略炒過後下香菇炒熟。

4 將調製好的醬料倒入，待收汁即可盛起，最後撒上少許白芝麻即可。

造型便當‧笠笠

蔥花玉子燒

【材料（2 人份）】

雞蛋 … 2 顆
蔥花 … 一把

◎ 調味料
鹽、雞粉 … 少許

【作法】

1 取一容器打入雞 蛋加入蔥花。用鹽、雞粉調味，將筷子抵住碗底輕柔拌勻蛋液。

2 熱鍋，鍋中抹上一層薄油（份量外）。蛋液倒入玉子燒鍋，用筷子輕柔畫圈攪拌蛋液，待七分熟時由上至下捲起。此步驟重複三次直至蛋液使用完畢，完成長方體的玉子燒。

3 取出放涼後再切塊即可。

｜保存方式‧時間｜建議常溫保存，當天食畢

劉怡青 I-Ching Liu
服裝設計師的夢幻便當櫥窗

曾參與日本電視台NHK知名便當節目「BENTO EXPO」全球便當特輯、和英國
Sky Kids等節目的錄製，美感一流的夢幻便當手劉怡青I-Ching Liu，她的作品
早已在各大社群媒體展露頭角，近日更受台灣國家兩廳院青睞，為國家藝術節創
作一系列演出海報的造型便當。怡青的造型便當充滿了童趣和魔幻色彩，不但辨
識度極高，更讓人光視吃就少女心噴發，然而這一幅又一幅如童書書衣般的夢幻
便當，可是怡青為兒子所投入的愛和心血。

2019年，3歲的兒子進入幼稚園就讀，怡青才開始她的第一個手作便當。當她秀

出第一個便當舊照，我扶著下巴不敢置信：是簡單的汽車吐司壓模，加上水果組成的標準西式餐盒！「誰沒有過去？」怡青大笑說這個便當花了她整整一個小時才完成。不到1年的時間，她已經從陽春壓模晉升至食品藝術設計師等級，造型便當內的每一個色彩，每一道表情，每一個裝飾用的花朵雲彩、和栩栩如生的動物或童書角色，所有可用肉眼觀察到的細節，都藏著她精密的美感算計，精準到位。

時光倒回11年前，怡青的主戰場可不是廚房，而是美國知名兒童服裝設計公司辦公室，負責設計每季最新款的童裝。隨後因老公工作關係，從設計大本營紐約搬遷至科技重鎮西岸灣區，她仍在Old Navy和Crazy 8等童裝品牌打拚到資深設計師。兒子2歲時，遇到褓母空窗期，她毅然決然選擇當起全職媽媽，希望能把握全心陪伴兒子成長的機會。

由於兒子從小過敏體質卻食量大，她在廚房為兒子打點飲食的時間也就越來越長，她本能地將靈魂內建的設計美感與創意，與廚房的日常巧妙結合，最終擦撞出絢爛的火花。她私下說偶爾還是會感嘆失去曾擁有的大舞台，但自從做便當之後，讓她重新找到設計天賦的施力點，「雖然小孩變成我唯一的觀眾，但每餐孩子期待吃飯的眼神，卻是無與倫比的回饋。」

現在的她，努力在主婦與接案的斜槓人生中不斷突破自我並找尋平衡，回過頭，怡青看著會開始幫忙設計食材，還會用便當圖案自編故事的4歲兒子說：「自己做的開心，小孩吃的滿意，不就是最重要的事？」

漢堡野餐便當
（森林小熊造型便當）

造型技巧：
- 小熊漢堡包
- 鵪鶉蛋小瓢蟲

主菜：
- 鱈魚蝦排

副菜：
- 三色奶昔

LA PETITE CUISINE

鱈魚蝦排

| 保存方式・時間 | 建議常溫保存，半天食畢

【材料（2 人份）】

去骨鱈魚片 … 90g
白蝦仁 … 90g
麵包粉 … 1/2 杯
雞蛋 … 1/2 顆

▨ 調味料

橄欖油 … 2 大匙
蒜頭粉 … 1/8 小匙
鹽 … 1/8 小匙
黑胡椒粉 … 適量
檸檬汁 … 1/4 小匙

▨ 醬料

番茄醬或塔塔醬
（夾入漢堡包時可搭配）

【作法】

1 調理機放入去骨鱈魚片、白蝦仁、所有調味料、1/4杯的麵包粉和雞蛋攪拌，可以留點塊狀，口感較好。

2 將步驟 1 打好的泥分兩份，每份用手塑成1.5cm左右的鱈魚蝦排，均勻沾上另外1/4的麵包粉的室溫靜置5分鐘以上定型。

3 平底鍋熱鍋後轉中小火，以半煎炸的方式將鱈魚蝦排煎至金黃色再翻面煎。一面大約是2分鐘的時間。

4 煎好之後放置簍空的架子上放涼，再使用避免受潮。

造型便當・劉怡青 I-Ching Liu

小熊漢堡包

| 預備的工具 | 圓形蔬菜壓模、小剪刀
| 保存方式‧時間 | 建議常溫保存，半天食畢

【材料（1份）】

漢堡麵包 … 1 個
小麵包 … 2 個
壽司用海苔片 … 1/4 片
美乃滋 … 適量
餅乾棒 … 1 根

【作法】

1 耳朵部分用小剪刀做輔助器先在麵包上鑽洞，用約 2cm的餅乾棒銜接在頭部。

2 用蔬菜壓模切出圓形起司片，用小剪刀剪出鼻子、眼睛和嘴巴。然後將起司片放在漢堡接近中心的位置，剪好的海苔沾上美乃滋貼上就完成了。

3 最後在漢堡包裡依序放上皺葉萵苣、洋蔥、馬札瑞拉起司片和主食的鱈魚蝦排，加上喜歡的醬料，就完成可愛的漢堡了。

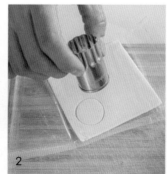

鵪鶉蛋小瓢蟲

| 預備的工具 | 海苔打洞器或和小剪刀
| 保存方式・時間 | 建議常溫保存，半天食畢

【材料（1人份）】

水煮鵪鶉蛋 … 1 顆
甜菜根汁 … 適量
壽司用海苔片 … 1/4 片

【作法】

1 鵪鶉蛋泡在甜菜根汁約1-3分鐘上色即可取出瀝乾。

TIP
可以依照自己喜愛的顏色深度調整浸泡時間。

2 剪出一個的長條型，以及用海苔造型器或剪刀剪出7個圓。

3 海苔片剪出一個2.5cm圓型之後，剪1/4-1/2的三角缺口。

4 依序將造型海苔利用蛋的濕度，直接貼在蛋上。

TIP
可利用造型叉子串好特別的義大利麵、小番茄、羅勒葉，最後串上鵪鶉蛋小瓢蟲。

副菜 三色奶昔

| 預備的工具 | 小型食物調理機或壓泥器
| 保存方式・時間 | 冷凍後放常溫退冰即需食用

【材料（2 人份）】

希臘優格 … 70g
奇異果 … 半顆
藍莓 … 30g
蜂蜜 … 1/4 小匙

【作法】

1 將奇異果和藍莓分別用小型食物調理機或壓泥器攪拌
　成泥狀。

2 將成泥的藍莓加入20g的希臘優格拌勻。

3 另取50g的希臘優格加蜂蜜備用。

4 依序將調好的藍莓希臘優格、蜂蜜希臘優格和奇異果裝瓶
　後蓋緊，冷凍之後就可裝入便當盒。

--- COOKING POINT ---

因為份量少的關係，利用這種不需要用果汁機的水果來製作，剛好適合帶
便當。

便當 62

墨西哥捲餅野餐便當
(蝴蝶花園造型便當)

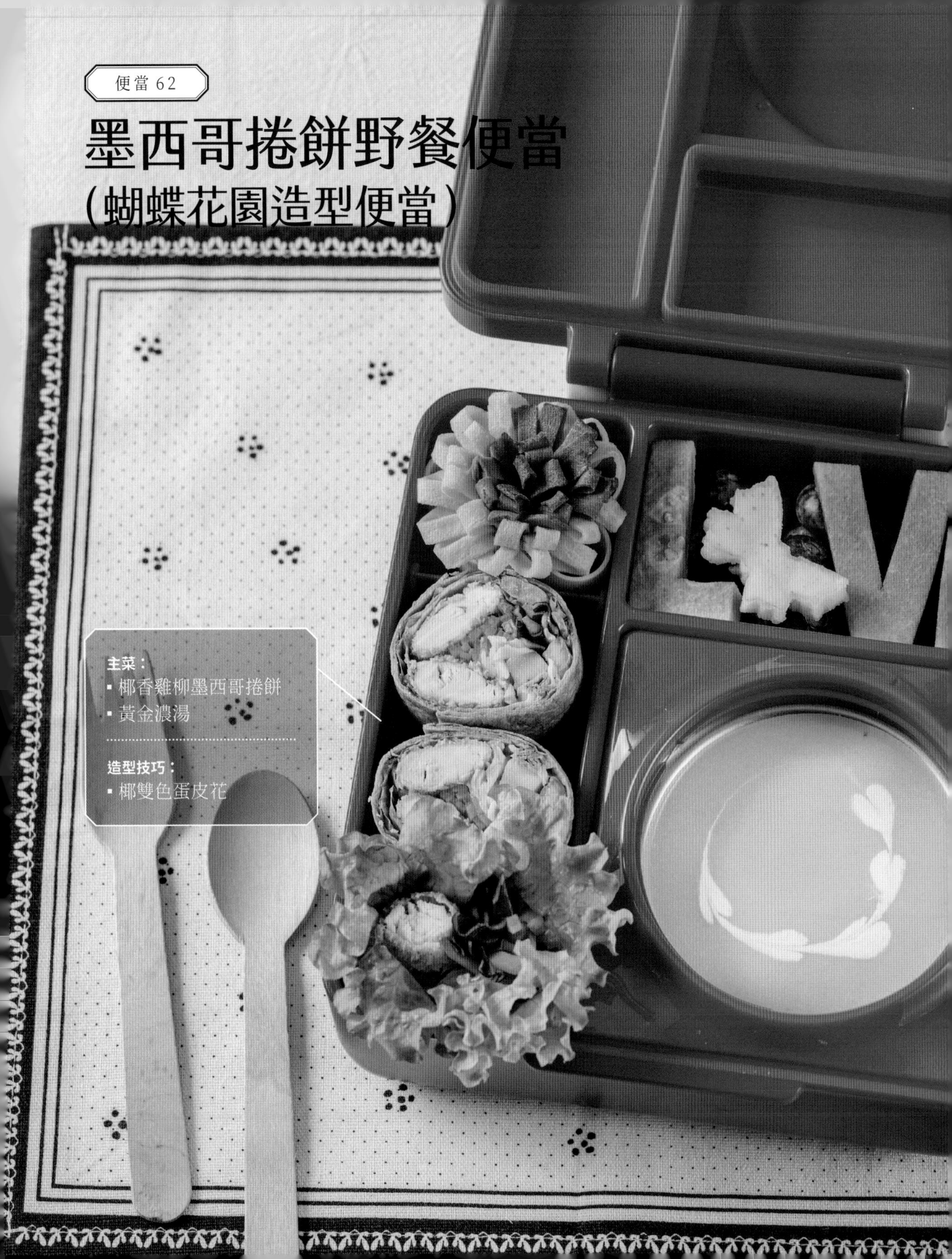

主菜：
- 椰香雞柳墨西哥捲餅
- 黃金濃湯

造型技巧：
- 椰雙色蛋皮花

椰香雞柳墨西哥捲餅

| 保存方式・時間 | 建議常溫保存，半天食畢

【材料（1 人份）】

菠菜墨西哥薄餅 … 2 片

雞柳條約 … 80g

雞蛋 … 1 顆

麵粉 … 適量

鮮奶 … 3/4 杯

椰蓉 … 30g

洋蔥絲 … 20g

鳳梨條 … 適量

紫色萵苣絲 … 20g

紅蘿蔔絲 … 20g

皺葉萵苣生菜 … 30g

乳酪絲 … 適量

鹽 … 1/8 小匙

黑胡椒粉 … 少許

▨ 醬料

蜂蜜芥末醬 … 適量

【作法】

1 椰蓉用烤箱200℃烤至有點金黃色約4分鐘就可取出備用，中間翻動一次；將雞柳條斷筋後，撒上鹽、黑胡椒粉和牛奶醃漬1小時以上，或是冷藏醃過夜。

2 將醃過的雞柳條沾上一層薄薄麵粉，再沾打散的蛋液後，最後沾上步驟 1 的椰蓉。

3 將步驟 2 放置10分鐘反潮。噴油均勻後，用氣炸鍋180℃大約一面6-7分鐘，翻面一次再氣炸約4分鐘至金黃熟透即可。

4 另起油鍋小火拌炒洋蔥絲，用少許鹽和黑胡椒粉調味。保鮮膜上放薄餅，依序排上皺葉萵苣、炒熟洋蔥、紅蘿蔔絲、椰香雞柳、紫色萵苣絲、鳳梨和雙色乳酪絲。

5 淋上蜂蜜芥末醬，包成長型利用保鮮膜定型10分鐘再分切。

COOKING POINT

內容物添加水煮根莖類蔬菜和新鮮瓜果都很適合，可以隨喜好自行調整口味，也可以包進滿滿的營養。

黃金濃湯

| 預備的工具 | 濾網、電動攪拌棒或果汁機
| 保存方式・時間 | 建議冷藏保存 1 天，冷熱皆適合飲用

【材料（2 人份）】

洋蔥 … 80g
紅蘿蔔 … 100g
南瓜 … 100g

▧ 調味料
無鹽雞湯 … 250cc
鮮奶 … 100cc
奶油 … 20g
鹽 … 1/4 小匙
黑胡椒粉 … 少許
鮮奶油 … 1 小匙

【作法】

1 將所有材料洗淨去皮切丁，湯鍋開小火放入奶油，加洋蔥拌炒製成半透明狀，再放入紅蘿蔔、南瓜丁和入無鹽雞湯。

2 轉中火將食材煮軟，再加入鮮奶轉小火至滾即可關火。

3 將所有步驟 2 用電動攪拌棒或果汁機把食材打成泥狀，加入鹽和黑胡椒粉調味即可。

4 將湯裝入便當盒後，用鮮奶油點綴。

TIP ————————————————
這道湯可以當作冷湯食用，很適合帶便當。

造型便當・劉怡青 I-Ching Liu

雙色蛋皮花

| 預備的工具 | 小剪刀、矽膠分隔盒
| 保存方式・時間 | 常溫半天食畢

【材料（1 人份）】

雞蛋 … 2 顆

※ 調味料
太白粉 … 少許
鹽 … 少許
火龍果粉 … 1/4 小匙
水 … 1/2 小匙

【作法】

1 取一容器打入雞蛋，輕輕拌勻，加入太白粉、鹽和水打散到沒有蛋筋的程度，用濾網過濾兩次，取一半的蛋液加入火龍果粉。

2 使用玉子燒鍋小火煎原味蛋液，鋪平薄薄一層蓋上鍋蓋，不翻面煎熟。火龍果蛋液也是同樣的作法。將周圍多餘的蛋皮切除後呈長方型煎好取出備用。

3 蛋皮對折，將周邊多餘的蛋皮切除後呈長方形，在打折的那邊用小剪刀剪出約2cm長的切口，每隔0.5cm剪一道。

4 由側邊將火龍果蛋皮慢慢捲起，再將黃色蛋皮包裹在火龍果蛋皮花上，並以同樣的方式捲起。再放置在矽膠分隔盒裡固定即可。

韓式雜菜粉絲便當
(星空造型便當)

造型技巧：
- 星空粉絲
- 氣炸豆腐大星星

主菜：
- 韓式雜菜佐霜降牛肉片

韓式雜菜佐霜降牛肉片

| 保存方式・時間 | 建議常溫保存，半天食畢

【材料（1人份）】

霜降牛肉火鍋片 … 90g
洋蔥 … 10g
黑木耳 … 10g
紅蘿蔔 … 10g
紅甜椒 … 10g

▧ 調味料

鹽、黑胡椒粉 … 少許

▧ 醬料

洋蔥 … 40g
醬油 … 2 大匙
糖 … 2 小匙
水 … 2 小匙
蒜末 … 1/2 小匙
梨子汁 … 3 小匙
黑胡椒粉 … 少許
薑末 … 1/2 小匙
白芝麻 … 1/2 小匙

1 將洋蔥、醬油、糖、水、蒜末、梨子、薑末用調理機打碎之後加入黑胡椒粉。取2大匙醬料醃製肉片冷藏醃製過夜。

TIP
醃肉時至少當天醃製 60 分鐘。剩餘的醬料用濾網過篩後加熱後放涼加入白芝麻當粉絲的醬料。

2 將洋蔥、紅蘿蔔和紅甜椒分別洗淨去皮、去芯切成細絲，木耳洗淨切絲，用中小火炒香約1分半鐘，用鹽和黑胡椒粉調味。

3 用中火將肉片兩面各煎快速拌炒至湯汁收乾即可，食用時撒上些許白芝麻增添香氣。

COOKING POINT

韓式雜菜常用的食材還有菠菜、香菇、櫛瓜等等，是一道很適合小孩，營養均衡的料理。

星空粉絲

| 保存方式・時間 | 建議常溫保存，半天食畢

【材料（1人份）】

粉絲 … 40g
紫萵苣 … 100g
小蘇打粉 … 少許
水 … 800cc
檸檬汁 … 約 10 滴
香油 … 適量

▧ 醬料
請參照韓式雜菜步驟 **1**
中的醬料

【作法】

1 紫萵苣加入水鍋裡煮沸約5分鐘，水呈紫色後將紫萵苣撈起。同一鍋水將粉絲下鍋，煮到粉絲變透撈起，拌香油備用。

2 將煮好的粉絲分裝成了3碗，其中2碗分別加小蘇打粉水和檸檬汁拌勻。

3 這時粉絲會分別呈現紫色、藍色和粉紅色。粉絲在上色的過程太乾的話，可以適量加水。

4 擺盤的時候將三色粉絲各取一半份量混和，加入2-3小匙的醬料，依口味加減。剩下的的彩色粉絲作造型用。

COOKING POINT

1, 韓式粉絲口感比較 Q 彈顏色也偏深。這道用的是台式粉絲，因為造型方便加上煮的時間比較短，偏軟的口感也適合小小孩。韓式粉絲大賣場可以買得到。

2, 利用紫萵苣裡的青花素碰到酸鹼性會變色的原理，可以做出很夢幻又健康的粉絲餐點。但要注意不同的醬料的酸鹼度，也會使粉絲的顏色產生化學變化喔。

氣炸豆腐大星星

| **預備的工具** | 水果刀或造型壓模、海苔打洞器和小剪刀
| **保存方式‧時間** | 建議常溫保存，半天食畢；或建議冷藏保存，1 天食畢

【材料（1 人份）】

板豆腐 … 1 小塊
壽司用海苔片 … 1/4 片
美乃滋 … 少許

【作法】

1 豆腐切成1cm左右的片狀後，用水果刀或造型壓膜切出星星形狀。

2 廚房紙巾壓乾豆腐表面，均勻噴上食用油。放入氣炸鍋175°C的溫度約3分鐘左右表面有金黃色。

> **TIP** ———
> 豆腐壓乾能快色讓烹飪後的表面上色，口感也較焦脆。氣炸過後尺寸會縮小 20% 左右。

3 將剪好的五官沾美乃滋放上即可。

▨ 擺盤技巧

擺入便當先將肉片鋪在便當底層，然後再鋪上拌過醬料的粉絲。上層由依序擺上 3 色粉絲、木耳、紅椒、紅蘿蔔、洋蔥。最後擺上用翻糖壓模壓出的星星蔬菜（黃和紫甜椒）以及白胡蘿蔔流星，再撒上白色小米果裝飾就完成了。

越南米線佐五香豬肉片便當
（海底世界造型便當）

造型技巧：
- 海洋米線
- 造型蔬菜

主菜：
- 越南香茅豬五花

越南香茅豬五花

| 保存方式 · 時間 | 建議常溫保存，半天食畢

【材料（1-2 人份）】

豬五花肉片 … 100g
香茅 … 1/3 條
蒜頭 … 1 瓣

※ 調味料

糖 … 2 小匙
魚露 … 2 小匙
蠔油 … 1 小匙
醬油 … 1/8 小匙
檸檬汁 … 1/2 小匙

※ 醬料

搭配米線食譜裡的
醬料一起食用
（味拌入豬五花肉片前）

【作法】

1 取一容器將所有調味料放入拌勻和五花
肉片拌勻，醃製肉片冷藏醃製過夜，或
是至少當天醃製60分鐘。

2 熱鍋中火將肉片兩面煎至金黃即可起
鍋。

海洋米線

| 保存方式・時間 | 建議常溫保存，半天食畢

【材料（1 人份）】

越式米線 … 50g
蝶豆花 … 約 10g
水 … 300c.c.

▨ 醬料
魚露 … 2 小匙
水 … 2 小匙
糖 … 2 小匙
檸檬汁 … 2 小匙
蒜末 … 適量

【作法】

1 先將醬料材料的蒜末用小火拌炒至熟透放涼後，與其他醬料材料拌勻後放入小容器中食用時再使用。

2 準備兩鍋水煮麵條，其中一鍋水300c.c.加入蝶豆花煮開後，將花撈起。放入30g的米線至蝶豆花水，熟透瀝乾後加點香油拌開備用。

3 將20g的米線放入清水裡煮到熟透，瀝乾加點香油拌開備用。

TIP ─────────────

蝶豆花水煮出來的米線呈水藍色，擺入便當時就可做出水漸層的感覺了。

造型蔬菜

| 預備的工具 | 蔬果雕刻刀或削皮刀、小剪刀、翻糖壓模
| 保存方式・時間 | 建議常溫保存，半天食畢；或建議冷藏保存 1 天

【材料（1 人份）】

紫色萵苣 … 10g
綠櫛瓜 … 適量
黃櫛瓜 … 適量
紅色紅蘿蔔 … 適量
壽司海苔 … 1 小片

鹽 … 1/8 小匙
香油 … 少許

▨ 醬料
搭配米線食譜裡的醬料一起食用（味拌入豬五花肉片前）

【作法】

1 用蔬果雕刻刀將綠櫛瓜和紅蘿蔔刻出海草樣式，再將黃櫛瓜和紅蘿蔔刻成小魚形狀。

2 用翻糖壓模將黃櫛瓜壓出3顆星星；紫色萵苣切成長條備用。

TIP ────

紫色萵苣能生食，水煮的話越久顏色越淡，善加利用這些特性可以使變當的色彩更豐富。

3 煮一鍋水，在滾水加鹽後，將切好的蔬菜汆燙致喜歡的熟度，撈起放入冰水冷卻，拌一點香油即可。

TIP ────

水裡加鹽會讓蔬菜保持新鮮的顏色，也可以有點鹹味。

4 海苔剪出魚的眼睛和細節，沾美乃滋貼在蔬菜魚上。

▨ 擺盤技巧

1. 洋蔥和越南香茅豬五花擺在便當底層。

2. 白色米線先放在洋蔥的上層，藍色米線放在豬五花的上方露出一部份當海底的沙灘。利用筷子在雙色米線交接處交錯做出漸層的感覺。

3. 依序放入造型蔬菜當成海草和魚。除了食譜裡用的食材，任何好雕刻的根莖類或是苗菜都很適合做海底世界的造型。

4. 最後放上貝殼義大利麵裝飾就完成了。

1　2　3　4

海鮮義大利麵便當
（一夜好夢造型便當）

造型技巧：
- 月亮烘蛋
- 馬鈴薯泥兔子

主菜：
- 墨魚義大利麵佐干貝及中卷

副菜：
- 涼拌紫花椰菜

主菜　墨魚義大利麵 佐干貝及中卷

| 保存方式‧時間 | 建議常溫保存，半天食畢

【材料（：1 人份）】

墨魚義大利麵 … 50-60g
干貝 … 45g
中卷 … 45g
小番茄 … 3 顆
橄欖油 … 1/2 小匙
蒜頭 … 2 大瓣
羅勒葉 … 適量

※ 調味料

海鹽 … 1/4 小匙
黑胡椒粉 … 少許
帕瑪森起司 … 1 小匙

【作法】

1 煮一鍋水，加入鹽和少許橄欖油，滾水後加入義大利麵煮好起鍋瀝乾，拌入橄欖油，備用。

TIP
義大利麵條用水泡過夜冷藏後，煮的時間可以縮短。墨魚義大利麵本身有墨魚的鮮味，很適合搭配各式海鮮，也不需過多調味。

2 中卷洗淨後，先快速過一次熱水去渣切片備用。

3 起鍋冷油將蒜頭炒出香氣後轉中大火，將切片的干貝和步驟 2 的中卷煎至約8分熟，接著放步驟 1 的墨魚義大利麵。

4 小番茄洗淨去蒂切成2等分，加入步驟 1 和 3 拌炒約30秒。關火後加海鹽、黑胡椒粉和洗淨碎切的羅勒葉。最後加入適量帕瑪森起司。

造型技巧　月亮烘蛋

| 預備的工具 | 水果刀、濾網、圓形小平底鍋
| 保存方式‧時間 | 常溫半天食用

【材料（1 人份）】　雞蛋 … 1 顆、鹽 … 少許、水 … 1/2 小匙

【作法】

1 取一容器，打入雞蛋，蛋液加入水和鹽打散到沒有蛋筋的程度，用濾網過濾一次。

2 蛋液倒入玉子燒鍋，蓋上鍋蓋用小火煎，不翻面大約1-1分半鐘即可。

3 用水果刀切出月亮形造型。

馬鈴薯泥兔子

│ 預備的工具 │ 馬鈴薯搗碎器、海苔打洞器、小剪刀、翻糖畫筆、
翻糖雕刻刀、小夾子、保鮮膜
│ 保存方式‧時間 │ 建議冷藏保存 2 天

【材料（2 份）】

馬鈴薯 … 50g
奶油 … 1/4 小匙
麵粉 … 約 1 顆米粒大小的量
鹽 … 少許
火龍果粉 … 少許
乾辣椒絲 … 1 條
壽司用海苔片 … 1 小片

【作法】

1 馬鈴薯洗淨削皮切成1cm見方塊狀，用水沖洗
瀝乾，加入麵粉和鹽放入電鍋蒸熟。蒸熟後取
出搗成泥後加奶油拌勻。

TIP
電鍋蒸好要馬上拿出來，馬鈴薯燜過久會翻黑。這
裡只需約 20g 的馬鈴薯。剩餘冰過的馬鈴薯泥如果
太乾，可微波再添加奶油使用。

2 用保鮮膜包著或直接用手分別捏出兔子的頭和
身體各部位，細小部分可用翻糖雕刻刀輔助。

3 放入便當時組合成型，利用畫筆沾水將各部位
沾合再一起，也可以撫平造型外觀。再用火龍
果粉調水在耳朵、肚子和臉頰上色。

4 在臉頰上插剪短成兩條的辣椒絲當鬍鬚。海苔
壓模和小剪刀剪出眼睛和鼻子，直接貼上定位
即可。

副菜 **涼拌紫花椰菜**

【材料（1人份）】

紫花椰菜 … 5 小朵（約 40g）

香油 … 1/2 小匙

蒜頭鹽 … 少許

【作法】

1 煮一鍋水，放入切成小朵、去梗皮的紫花椰菜
　汆燙1分到1分半鐘。

2 起鍋立刻泡入冷水降溫後瀝乾，拌入蒜頭鹽和
　香油。

TIP

紫花椰菜裡的花青素在烹調過程會釋放出來。煮得越久顏色會
變越淡，可依個人喜好和造型需要斟酌時間。

※ **擺盤技巧**

1, 先將主菜裡的干貝、中卷和小番茄擺在便當底部鋪平，再將墨魚義大利麵蓋在上層在便當盒的一邊留一點位子放蔬菜。

2, 依序放入紅卷萵苣、紫花椰菜和月亮烘蛋置入後，放上馬鈴薯泥兔子（請參考馬鈴薯泥兔子步驟 3 和步驟 4）。最後裝飾上黃色、紫色紅蘿蔔刻花和白色米果就完成了。

便當 66

香煎彩蔬骰子牛便當
（聖誕毛衣造型便當）

造型技巧：
- 毛巾（雲朵）蛋
- 聖誕毛衣與裙襬

主菜：
- 香煎骰子牛彩蔬

香煎骰子牛彩蔬

| 保存方式・時間 | 建議常溫保存，半天食畢

【材料（1 人份）】

無骨牛小排骰子牛 … 100g
玉米筍 … 2 根（約 20g）
青花菜 … 20g
小番茄 … 3 顆
橄欖油 … 1/8 小匙
帕瑪森起司 … 1/4 小匙

※ 調味料

海鹽 … 適量
黑胡椒粉 … 少許

【作法】

1 玉米筍和青花菜洗淨，玉米筍切小塊、青花菜切小多去梗皮，備用。煮一鍋水，放入玉米筍與青花菜汆燙1分鐘撈起。

2 骰子牛擦乾血水，中火熱放入骰子牛上下兩面表面煎香。

3 加入玉米筍、花椰菜和洗淨去蒂對切的小番茄，快速翻炒一下即可關火。

4 撒上海鹽、黑胡椒粉調味拌勻即可盛盤。加上些許帕瑪森起司就完成了。

造型便當・劉怡青 I-Ching Liu

造型技巧

毛巾（雲朵）蛋

| 預備的工具 | 自動打蛋器、玉子燒鍋、玉子燒鍋鏟
| 保存方式．時間 | 建議常溫保存，半天食畢

【材料（1人份）】

蛋白 … 2 顆量
鹽 … 少許

【作法】

1 取一容器倒入所有蛋白。

2 用打蛋器以中高速打至有綿密小泡泡就可停止了。

　　TIP ────────────────────
　　打發越久的蛋白會越蓬鬆，請依造型需求自行調整。

3 玉子燒鍋鍋面油抹均勻後，開小火，倒入步驟 2。

4 鋪平利用鍋鏟壓出不規則格紋。等到到蛋白有彈性
　的手感就可以關火，撒點鹽調味即可。

造型技巧

聖誕毛衣與裙襬

| 預備的工具 | 翻糖壓模、翻糖雕塑刀、水果刀、翻糖筆、
小夾子、濾網、保鮮膜
| 保存方式・時間 | 建議常溫保存，半天食畢

【材料（1 人份）】

越南春捲皮 … 1 片
馬鈴薯泥 … 40g
彩色壽麵 … 適量
日本魚板 … 適量
黃色紅蘿蔔 … 適量
紅色紅蘿蔔 … 適量
甜菜根汁 … 2 大匙
火龍果粉約
　… 1 顆米粒份量

【作法】

1 取約12g馬鈴薯泥加入火龍果粉拌勻成粉紅色。將粉紅色馬鈴薯泥包在保鮮膜裡捏出衣服上半部分的形狀。

2 剩下的的馬鈴薯泥放在另一張保鮮膜，捏出衣服下半身和袖子備用。

3 擺入便當之後，利用翻糖筆沾水將雙色馬鈴薯泥黏合塑型。

4 越南春捲皮用熱水泡軟取出，將越南春捲皮對切半圓型裙襬的形狀，從中抓起後將底部部分放入甜菜根汁染出漸層色，再沾清水將多餘的顏色洗乾淨。

5 將抓起部分裁切掉至約6cm長即可抓皺折擺入便當。

　TIP
　越南春捲皮乾掉後會黏手，製作過程中沾水保持濕度就可方便造型。

6 接下來用翻糖壓模做毛衣裝飾：先將日本魚板的白色部分壓出7個方形，另一個翻糖壓模在紅色紅蘿蔔壓出7個愛心。

7 用水果刀將日本魚板的粉紅色部分切出15個小長方形，黃色紅蘿蔔片切並切出15個小三角形備用。最後將造型用的壽麵燙到9分熟備用。這部分裝入便當後再使用。

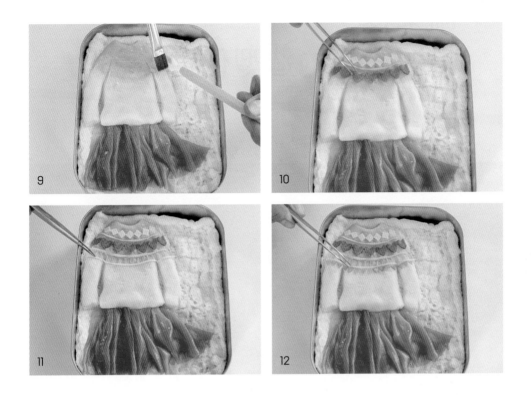

擺盤技巧

放入便當底層鋪上主菜，主菜上方蓋上造型步驟 1 的蛋白。上層放置造型技巧二的「裙襬」，再放上雙色馬鈴薯「毛衣」。在「衣服」上放點綴毛衣裝飾和彩色壽麵。放入翻糖壓膜壓出蘿蔔雪花和蟹肉棒圍巾，並利用翻糖雕塑刀做出毛衣的紋路就完成了。

1

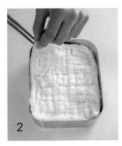

2

3

4

温栗伶
傳遞愛語的造型便當

「再怎麼吃都吃不膩的滋味！」温栗伶描述她對便當的特殊情感來自於媽媽，國小六年都吃媽媽的手作便當，連出社會後也是媽媽幫自己準備便當。約5年前，身為全職褓姆的她每天悉心照顧小姪女，潛意識裡萌生和自己媽媽同樣的責任感，她決定為姪女親手設計可愛的造型便當，將食物裝進便當盒內，讓寶貝姪女也能感受到那份無可取代的珍視與愛意。

栗伶的便當裡充滿小女孩般的童真，各種食材都能被她巧妙拿來做便當造型，浪漫又充滿新意，原來她在當褓姆之前，可是位婚紗設計師，每天都在畫設計稿、

處理禮服上縫珠設計等美感細節。「不能只是可愛，更要多元、有變化，」過去的靈感，如今被她運用在便當設計，從美輪美奐的賞櫻便當到氣勢十足的舞獅便當，或是小女孩喜愛的各式卡通造型，都被栗伶信手捻來展現在便當盒內。

「從生活中培養美感，」栗伶在與姪女一起享用便當的過程中，將色彩學、構圖學、創意學通通放進食物裡，她笑說唸幼稚園的姪女在耳濡目染下，不但會自己擺盤，還會指導姑姑拍照，對於美感的敏銳度從舉動中就能覺察。

栗伶在開始做便當前，並沒有將心思花在料理上，忙碌的設計師生活，能按時吃飯都屬難得，然而自從開始做便當後，她直接跨越廚藝的限制，學做造型與學做菜同步精進，她自我調侃地說：「零廚藝也能做便當。」

從把食物煮熟，到懂得拿捏食材變換口味，再進一步掌握用最自然的料理方式呈現出食材本身的絕佳滋味，到現在出神入化的造型功力，「我有空都在研究食譜，上圖書館也認真拍照、做筆記，驚覺自己在廚房的時間越來越長，」一路走來，栗伶越來越享受與食物共處的時光，更喜愛和姪女一起分享最後的成果，她說：「把愛傳遞出去的滿足感，豐富了我的生命。」

照顧姪女之前，栗伶也曾照顧過姊姊的小孩，當時只是幫忙卻深覺無法勝任，後來為了照顧即將出生的小姪女，她先考取褓姆執照，轉換成另一個專業的角色去疼愛她，並告訴自己孩子總有一天會去學校就讀，不再將自己的情感繃的太緊，更捨去傳統長輩「情感勒索」的愛意表達方式，栗伶用便當細細訴說著自己的愛和價值觀，用最重要的東西去陪伴姪女成長。

年節便當

造型技巧：
▪ 舞獅頭造型

主菜：
▪ 汆燙蝦
▪ 厚蟹肉
▪ 氣炸鯖魚

副菜：
▪ 酥炸鹹酥雞
▪ 糖漬栗子
▪ 偽娘惹糕
▪ 醋漬白蘿蔔
▪ 玉子燒

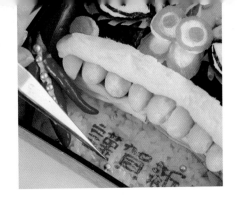

舞獅頭造型

| 預備的工具 | 夾子、食物剪、夾子、刮板、畫筆、箱壽司模
| 保存方式·時間 | 建議常溫保存，當天食畢

【材料（3人份）】

海苔 … 1 片
金色糖果珠 … 裝飾
義大利麵條 … 少許
糯米紙 … 5 張
飯 … 110g
黃地瓜泥 … 50g
馬鈴薯泥 … 30g
番茄片 … 4 片
紅蘿蔔、小黃瓜、
白魚板 … 適量
美奶滋 … 適量
夏威夷果 … 7 顆

COOKING POINT ―
可將所有小配件全部
用食物剪處理好，分
類放旁邊，再一次做
造型。

【作法】舞獅盒

1 網路上抓圖印出符合便當盒大小的舞獅臉，放入透明夾中。取兩份白飯各約55g，分別放入保鮮膜中。

2 捏成舞獅臉的大小，手掌心放兩張長寬約10cm正方海苔，飯糰置中，海苔沿邊緣剪開後包覆黏貼在飯上。可用美乃滋黏貼不整齊的海苔，最後用保鮮膜再捏壓一下。

3 **眉毛**：取地瓜泥25g放在保鮮膜捏出鼻樑、兩個15g做上眉毛。另取10g馬鈴薯泥做兩道中眉毛，10g地瓜泥做下眉毛。

4 紅蘿蔔剪出4條羽毛形狀，用美乃滋黏貼在上、下眉毛上面做裝飾。

5 **眼睛**：白魚板蒸過放涼後，拿2片剪成眼睛。用生菜剪成下眼瞼，和下眉毛上的水滴形細節。

6 **鼻頭**：用白魚板剪出2個圓形和2個水滴型，做鼻頭裝飾用，再用紅蘿蔔貼上外框和內圓。

7 **嘴巴**：用約20g馬鈴薯泥捏成長條狀做嘴唇，蟹肉棒撕成條狀當牙齦，最後放上夏威夷豆當牙齒。

8 **額頭眉毛最後裝飾**：小黃瓜和紅蘿蔔削成薄皮各二條。把削好皮的黃瓜剪成小水滴各9個，貼在眉毛上最上層，最後加上白色金珠糖果。紅蘿蔔剪成圓型和橢圓型各2個備用，海苔剪5個小三角型，按照圖案貼在額頭位置上即完成。

9 食用梔子花紅少許，加水調成稠狀，寫字（謹賀新年，發發發）在糯米紙上，乾了之後放在白飯上抹均勻。

10 眼睛點上美乃滋成眼白，兩旁外腮幫子用紅番茄點綴，最後小辣椒用義大利麵固定成4對辣椒串，最後擺盤即完成。

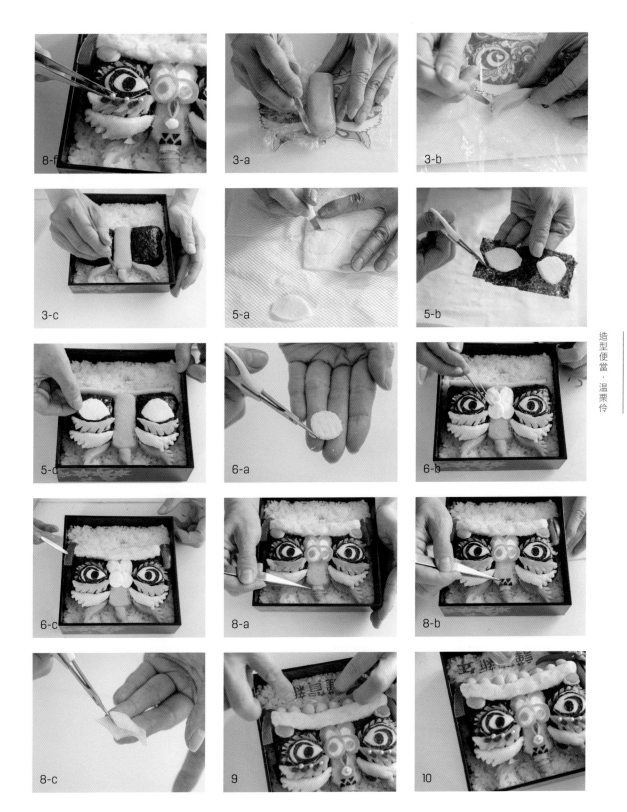

汆燙蝦、厚蟹肉、氣炸鯖魚

| 保存方式‧時間 | 建議常溫保存，當天食畢

【材料（2人份）】

蝦 … 4 尾
厚蟹肉 … 3 條
鯖魚 … 1 小片
海苔 … 半片

【作法】

1 蝦挑腸泥洗淨瀝乾，加酒少許去腥。水滾放入蝦約煮1分鐘，蝦身轉紅，關火燜5-6秒撈起，撒上橄欖油和鹽少許。

2 厚蟹肉撒上鹽、白胡椒粉、酒少許抓醃，取天婦羅粉50g加水調至稠狀，厚蟹肉沾附完全，油熱放入炸至金黃色後撈起。

3 剪2cm寬長8cm三條長海苔，在蟹肉中間繞一圈沾美乃滋固定。

4 刀先把鯖魚劃紋菱格，鯖魚抹一些酒，醃一下，再用廚房紙巾略擦乾，旁邊放檸檬一起160℃氣炸12分鐘，6分鐘後翻面繼續烤，再180℃用8分鐘，4分鐘翻面，直到表面呈金黃色。

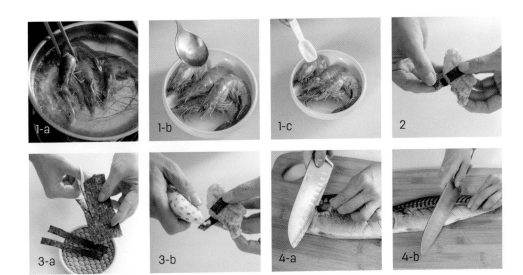

（副菜） **酥炸鹹酥雞**

【材料（2人份）】

雞胸肉 ⋯ 100g

▒ 醃料

米酒 ⋯ 1 大匙
醬油 ⋯ 1 大匙

白胡椒粉 ⋯ 少許
蒜末 ⋯ 6 顆份
糖 ⋯ 1 匙
香油 ⋯ 1 小匙
蛋白 ⋯ 1 顆份

【作法】

1 雞胸肉切約2.5cm塊狀，取一容器放入並加入醃料抓醃30分鐘備用。

2 步驟1均勻沾地瓜粉，放置一下待雞胸肉返潮。

3 起油鍋，熱油160℃（份量外）先炸一遍撈起。

4 再回炸第二次呈金黃色撈起放在廚房紙巾上吸取多餘油脂、待涼即可。

保存方式・時間｜建議常溫保存，當天食畢

糖漬栗子

【材料（2人份）】

去殼生栗子 … 1 包

※ 調味料

白砂糖 … 4 大匙
清酒 … 1 大匙

【作法】

1 栗子洗淨，紗布先用水擰乾，把栗子扭包起來，4個為一組打結（這防止煮的時候栗子不會散開）。

TIP
紗布包扭栗子比較費時，但煮熟的栗子超級香，甜味適中。

2 栗子放入鍋中，加入白砂糖4大匙，清酒1大匙。

3 加水蓋過栗子，水滾關火燜25分鐘。如此進行4次循環。

4 最後燜完待涼後，再把紗布剪開，就能做出味道跟市售一模一樣的糖漬栗子了。

副菜 偽娘惹糕

【材料（2人份）】

火腿片 … 3 片
起司片 … 4 片

【作法】

1 一片火腿一片起司片重覆交疊各3層，用保鮮膜包好，周圍略壓，塑型。

2 用刀子先把周圍邊緣不平切掉，再分四等分完成。

副菜　醋漬白蘿蔔

【材料（2 人份）】

白蘿蔔 … 半條

※ 調味料

水 … 200c.c.
醋 … 50c.c.

味醂 … 2 大匙
酒 … 1 大匙
糖 … 2 大匙

【作法】

1 所有調味料放入鍋中煮滾，倒入玻璃盒待涼。

TIP ——————————————————————

醃漬水一定要煮開，防止蘿蔔發霉。

2 白蘿蔔切半，削皮洗淨，切圓薄片，撒鹽抓一抓，醃20分鐘出水瀝乾
（煮過冷開水泡）。再用廚房紙巾把蘿蔔吸乾，放入醋漬中冷藏一個禮
拜。

3 取醃漬蘿蔔5片廚房紙巾吸乾，剪對半，再用義大利麵條固定做玫瑰
花，放入小缽中即可。

副菜　玉子燒

【材料（2 人份）】

雞蛋 … 3 顆

※ 調味料
鹽、糖、酒 … 少許
雞高湯 … 適量

【作法】

1 取一容器打入雞蛋，並加入所有調味料均勻打散。

2 玉子燒鍋抹上一點油，再倒入蛋液，快熟時，慢慢捲
成長條型，此動作重複三次，就能呈現完美玉子燒。

3 待涼後用刀子分三等分，再後菊花絡鐵刻印在玉子燒上即可
上桌。

TIP ——————————————————————

菊花絡鐵必須要在瓦斯爐上燒熱，才可以刻印在玉子燒。

斑馬便當

造型技巧：
- 斑馬飯糰

主菜：
- 蟹肉雞餅

副菜：
- 辣味杏仁果蘋果蝦鬆
- 溏心蛋
- 永燙食蔬

斑馬飯糰

| 預備的工具 | 剪刀、夾子、打洞器
| 保存方式・時間 | 建議常溫保存，當日食畢

【材料（1 人份）】

白飯 … 1 碗　　　　竹炭粉 … 少許
橄欖油 … 1 小匙　　牛奶 … 少許
火腿片 … 1 片　　　義大利麵條 … 適量
海苔 … 1 片

【作法】

1 白飯加橄欖油、鹽、白胡椒適量拌勻。
　另取容器，放入竹炭粉加牛奶少許拌
　勻，取約50g的飯放入攪拌成灰色，再
　放入鍋中蒸3分鐘後放涼備用。

2 取35g飯捏出當斑馬頭，70g捏出身體。

3 先用打洞器在海苔上壓出雙眼，接著照
　圖案剪出斑馬紋路。

4 取馬頭中心點，分別用火腿與些許白飯
　做出耳朵，並用義大利麵固定在馬頭
　上，再從頭上紋路先貼，接著貼眼睛，
　臉龐。

TIP

剪斑馬紋路時，只要按著圖片或照片剪出
形狀就很容易執行。

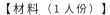

1-a

1-b

1-c

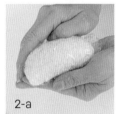
2-a

2-b

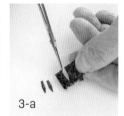
3-a

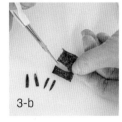
3-b

4-a

4-b

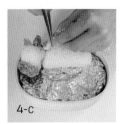
4-c

主菜 蟹肉雞餅

| 保存方式・時間 | 建議常溫保存，當天食畢

【材料（1人份）】

蟳味棒 … 2 條
雞柳 … 70g
蔥末 … 少許

※ 調味料

酒 … 1 匙
糖 … 1/4 小匙
醬油 … 2 匙
美乃滋 … 1 大匙
太白粉 … 1 大匙
鹽、白胡椒粉 … 少許
薑末 … 少許

【作法】

1 取一容器放入對切拔絲的蟳味棒、切約2cm大小的雞塊、蔥末少許。

2 調味料倒入步驟 1 中拌勻，分三等分，拍打成約6cm直徑扁圓形。

3 起油鍋，中火煎蟹肉雞餅至表面焦香，裡面熟透即可。

TIP

肉餅依飯盒大小，捏時可做調整分配。

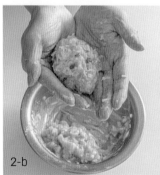

副菜 ## 蒜味杏仁果蘋果蝦鬆

【材料（1 人份）】

蒜味杏仁果 … 6 顆　　　※ 調味料

蘋果 … 1/3 顆　　　　　美乃滋 … 1 大匙

蝦 … 3 尾　　　　　　　黑胡椒粉、鹽 … 少許

【作法】

1　蒜味杏仁果搗碎（不用太碎）。

2　蘋果去皮或不去皮皆可，切滾刀塊約1.5cm大小，放入鹽水中防氧化，撈起備用。

3　滾水放入蝦汆燙後關火，燜一下再撈起。蝦完全涼後切小滾刀塊約1cm大小，放入美乃滋、蘋果、杏仁果、黑胡椒粉和鹽拌勻。

副菜 ## 溏心蛋

【材料（1 人份）】　雞蛋 … 1 顆

【作法】

1　煮一鍋水，水滾後放入蛋，計時8分鐘，時間到後撈出浸泡冰水。

2　剝殼對切再對切，食用時亦可撒上些許黑胡椒粉。

TIP

溏心蛋按著中心點，利用刀子以山型繞邊緣刻下，下刀時深一點，才好分開。

副菜 ## 汆燙食蔬

【材料（1 人份）】　青花菜 … 1 株、生菜、番茄 … 少許

【作法】

1　煮一窩水，加鹽和油少許，放入青花菜，約5-6秒撈起待涼即可。

便當 69

情人節便當

造型技巧：
- 梅子玫瑰花
- 刺身紅板花

主菜：
- 番茄油燜蝦

副菜：
- 水煮蛋
- 汆燙食蔬
- 開心果桂圓地瓜球

主菜 **番茄油燜蝦**

| 保存方式 · 時間 | 建議常溫保存，當天食畢

【材料（1 人份）】

蝦 … 3 隻

🥄 調味料

橄欖油 … 3 大匙
醬油 … 1 大匙
番茄醬 … 1 大匙
米酒 … 1 大匙
水 … 30c.c.
細砂糖 … 1/2 匙
蒜末 … 5g
白胡椒粉 … 少許

【作法】

1 蝦洗淨去腸泥，剪掉長鬚，沖水瀝乾。起鍋倒入橄欖油 3大匙，放入蝦大火煎1分鐘再翻面1分鐘呈現紅撈起。

2 鍋內留一些油爆香蒜之後，再加入所有調味料炒勻。

3 再倒入步驟1的熟蝦，開中火煮至湯汁收乾即可起鍋。

COOKING POINT ————————

油燜蝦若為大人食用，可以用 1/2 匙花椒粉替代白胡椒粉，增添風味。

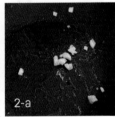

造型技巧 **梅子玫瑰花**

| 預備的工具 | 雕刻刀、剪刀　　| 保存方式 · 時間 | 建議常溫保存，當天食畢

【材料（1 人份）】

甲洲赤小梅 … 6 顆

【作法】

1 取出6顆梅子，用刀子先從頭深劃一圈分半，取出籽，再排出玫瑰花。

2 剪一些鋸齒生菜當玫瑰花葉。

TIP ————————

赤小梅放在廚房紙巾上剖開，會滴紅色汁，所以需要廚房紙巾吸水分。

刺身紅板花

| 預備的工具 | 小刀子　　| 保存方式·時間 | 建議常溫保存，當天食畢

【材料（1人份）】

刺身紅板 … 適量

【作法】

1 紅色魚板切0.2cm，蒸3分鐘取出待涼。

2 只需粉帶白部分約2.5cm，延著半圓型粉色中心點算下白色處記號，橫刀劃一下。

3 粉紅魚板切6片，2片捲成玫瑰花 。

副菜 # 水煮蛋

【材料（1人份）】 雞蛋 … 1顆

【作法】

1 煮一鍋水，水滾後放入雞蛋主9分鐘後，撈起放入冷開水中冷卻。

2 待雞蛋冷卻後撥好殼，取出刀子刻出山型即可。

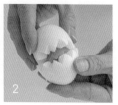

| 保存方式·時間 | 建議常溫保存，當天食畢

副菜 # 汆燙食蔬

【材料（1人份）】 白花椰菜 … 半株、青花菜 … 半株

【作法】

1 煮一鍋水，水滾加鹽和油少許。

2 放入青花菜、白花椰菜，約5-6秒撈起待涼即可。

TIP

青花菜用剪刀，約頭算起 3cm 處一片一片剪下，才會有層次，呈現青花菜。

| 保存方式·時間 | 建議常溫保存，當天食畢

開心果桂圓地瓜球

【材料（1 人份）】

地瓜 … 適量
鮮奶油 … 10g
奶油 … 15g
桂圓 … 15g

※ 調味料
鹽、糖 … 少許
開心果 … 適量

【作法】

1 地瓜削皮洗淨切片蒸熟，放入容器中，趁熱搗碎之後加入鮮奶油和奶油，拌勻成泥狀。

2 在步驟 1 中倒入剪碎的桂圓、鹽和糖少許拌勻後捏成球狀，每顆球滾上搗碎的開心果完成。

保存方式・時間 | 建議常溫保存，當天食畢

造型便當・温栗伶

TIP

桂圓需剪碎，開心果也要搗碎，呈現小顆粒狀，食用時口感較佳。

※ 擺盤技巧

1 鋪一層錫箔紙在木盒上，再鋪好飯成三角形

2 鋪上生菜和番茄油燜蝦。

3 放上刻好花的水煮蛋以及開心果球和青江菜。

4 梅子去籽對切，放在飯上做成玫瑰花。

5 刺身紅魚板捲成玫瑰花放在紅色旁邊。

6 青江菜也一起襬上。

7 最後用五色果粒放在紅玫瑰花中心點綴

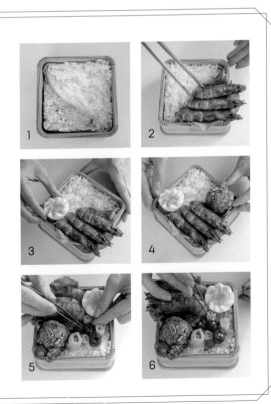

便當 70

野餐便當

造型技巧：
- 熊熊造型餐包
- 花生湯圓裹棉花彩球
- 水果雕刻

主菜：
- 大醬炸雞

副菜：
- 馬鈴薯泥三色鮪魚沙拉
- 蒸蛋

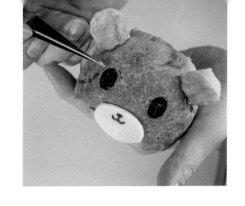

造型技巧 熊熊造型餐包

| 預備的工具 | 夾子、食物剪、橢圓壓模器
| 保存方式‧時間 | 建議常溫保存，當天食畢

【材料（1人份）】

大餐包 … 1 個
海苔 … 1 片
起司片 … 1 片
圓型火腿片 … 3 片
大番茄 … 切 4 薄片

COOKING POINT

造型便當的擺盤順序，
通常會先將生菜和主菜
放入，再擺入造型和其
它的副菜。若便當若內
還有小空隙，可用青花
菜填滿，視覺效果會更
好。

【作法】

1 橢圓壓模放在起司片，壓出一個型狀出來，依餐包大小修飾大小。

2 海苔放入眼鼻打洞器，取出鼻子，用夾子夾起貼在步驟一的橢圓起司片上。

3 海苔對摺剪出眼睛，厚竹輪剪出半圓型當耳朵，插上義大利麵條。

4 取一個餐包對切，沾少許美乃滋貼上步驟 1 和 2，再插上步驟 3。

5 另外半個餐包從橫切面切開，塗好美乃滋撒上白胡椒粉，依序放入生菜、番茄片，並塗上三色沙拉。再放入生菜、番茄片、和火腿片。

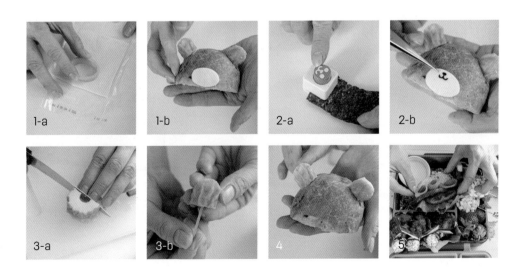

1-a 1-b 2-a 2-b

3-a 3-b 4 5

造型技巧 花生湯圓裹棉花彩球

| 保存方式・時間 | 建議冷藏保存，當天食畢

【材料（1人份）】

小棉花糖 … 適量
花生湯圓 … 3 顆
美乃滋 … 少許

【作法】

1 花生湯圓放入滾水中煮滾放涼備用。

2 小棉花糖放入盤中，用竹插把湯圓插起，沾一點美乃滋，裹上棉花糖即可。

造型技巧 水果雕刻

| 保存方式・時間 | 建議冷藏保存，當天食畢

【材料（1人份）】

葡萄 … 適量

【作法】

1 葡萄用食物雕刻刀從中間深劃三角型一圈，分開時會呈現山型的圖型。

副菜

馬鈴薯泥三色鮪魚沙拉

【材料（1人份）】

三色豆 … 適量
馬鈴薯泥 … 50g
鮪魚罐頭 … 去油後取 15g

※ 調味料
鹽、白胡椒鹽 … 少許

| 保存方式・時間 | 建議冷藏保存，2 天內食畢

【作法】

1 煮一鍋水，略微汆燙三色豆，取出待涼。

2 馬鈴薯泥、鮪魚和三色豆混和，加入鹽、白胡椒粉少許拌勻即可。

大醬炸雞

| 保存方式・時間 | 建議常溫保存，當天食畢

【材料（2 人份）】

小雞腿 … 5 支
水 … 1 大匙
太白粉 … 2 大匙

▨ 醃醬
韓國甜麵醬 … 2 小匙
鹽 … 1/2 小匙
米酒 … 1 大匙
細砂糖 … 1/2 小匙

【作法】

1 取一容器放入醃醬材料拌勻，放入雞腿中，加入水1大匙、太白粉2大匙拌勻醃30分鐘。

2 起油鍋，加熱至約130 ℃，放入步驟1的雞腿，以小火炸約3分鐘撈起。

3 待油溫升高160 ℃，再回鍋炸1分鐘，炸到金黃色撈起待涼。

> **TIP**
> 小雞腿頂端包上鋁薄紙（拿著吃不沾手）。

造型便當・温栗伶

蒸蛋

| 保存方式・時間 | 建議常溫保存，當天食畢

【材料（1 人份）】

雞蛋 … 1 顆
水 … 60c.c.

▨ 調味料
酒 … 少許
鹽 … 少許

▨ 醬料
醬油膏 … 1 匙
味醂 … 2 匙
糖 … 1/4 匙
水 … 1 大匙

【作法】

1 取一容器打入雞蛋，並加入酒、鹽略微攪拌，再倒入水拌勻。

> **TIP** 蒸蛋的黃金比例，蛋 1：水 2。

2 用濾網將蛋液過濾3次，放入蒸鍋或電鍋蒸約7分鐘。

> **TIP** 過濾過的蛋液，蒸蛋表面會顯得光滑平整。

3 起鍋，放入 醬料材料，煮成稠狀待涼，淋在蒸蛋上。

便當 71

端午節便當

beautiful

造型技巧：
▪ 青江菜粽子便當

主菜：
▪ 炸煙燻火腿起司

副菜：
▪ 醬燒鯛魚
▪ 氣炸馬鈴薯
▪ 芝麻玉子燒
▪ 油豆腐玉米卷高麗菜

主菜 炸煙燻火腿起司

| 保存方式・時間 | 建議常溫保存，當天食畢

造型便當・溫栗伶

【材料（1人份）】

煙燻火腿 … 2 片
起司片 … 2 片
雞蛋 … 1 顆
麵粉、麵包粉 … 適量
白胡椒粉 … 少許

【作法】

1 煙燻火腿一片表面加上二片起司，再蓋上另一片煙燻火腿。

2 兩面撒上少許白胡椒粉，兩面再撒上少許麵粉。

3 取一容器打入雞蛋攪拌均勻，將步驟 2 沾上蛋液，再裹上麵包粉兩面之後，下油鍋炸至金黃色即可。

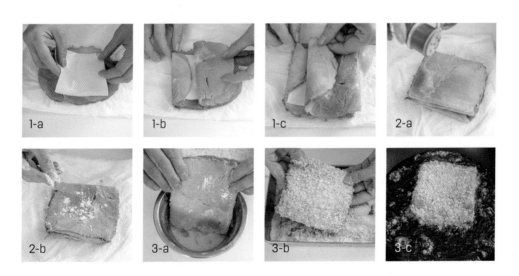

1-a 1-b 1-c 2-a
2-b 3-a 3-b 3-c

副菜 芝麻玉子燒

保存方式／時間、份量、材料和作法請參照 P.385

青江菜粽子便當

| 預備的工具 | 夾子、造型眼鏡、手、叉子造型
| 保存方式‧時間 | 建議常溫保存，當天食畢

【材料（1 人份）】

玉米 … 少許
海苔 … 1 片
青江菜 … 1 支

【作法】

1 取一容器放入飯，加上橄欖油約1大匙、鹽少許、白胡椒適量，拌勻待微溫一點再捏成三角飯團。

2 將飯分成兩份各約70g，再包上青江菜，放入便當盒中。

3 用剪刀剪出4個小橢圓型眼睛。貼於臉上，再加玉米粒當嘴巴，最後擠出美乃滋一點，放在黑眼裡，再帶上眼鏡即可。

油豆腐玉米卷高麗菜

| 保存方式‧時間 | 建議常溫保存，當天食畢

【材料（1 人份）】

油豆腐 … 1 塊
玉米粒 … 適量
高麗菜 … 1 片

◎ 調味料

鹽 … 少許
沙拉油 … 少許
白胡椒粉 … 少許

【作法】

1 煮一鍋水，待水滾後放鹽和沙拉油，再放入整片高麗菜葉。

2 約燙8秒就可將高麗菜葉撈起放入冷開水中或冰水。

3 油豆腐切碎加入玉米粒和白胡椒鹽少許，再用高麗菜葉包起來即可。

副菜 醬燒鯛魚

【材料（1 人份）】

鯛魚 … 1 塊
鹽、白胡椒粉、太白粉 … 少許

※ 醬料
醬油 … 1 匙

酒 … 少許
味醂 … 1 小匙
糖 … 1/4
水 … 50c.c.

【作法】

1 鯛魚斜刀切成2片，洗淨擦乾。

2 取一容器放入油、鹽、白胡椒粉將步驟1的鯛魚放入抓
一抓，兩面撒上少許太白粉。

3 不沾鍋先預熱，倒油，鯛魚焦至金黃色後，倒入醬料收
乾汁，最後再撒上白芝麻即可。

副菜 氣炸馬鈴薯

【材料（1 人份）】

馬鈴薯 … 1 顆

※ 醬料
醬汁 … 1 匙

酒 … 少許
味醂 … 1 大匙
糖 … 2 大匙
水 … 50c.c.（煮成稠狀備用）

【作法】

1 小馬鈴薯洗乾淨不去皮，用刀子劃出紋路不要切到
底；醬料調勻，備用。

2 煮一鍋水，先放入步驟1的馬鈴薯燙熟瀝乾後，再放
入氣炸鍋撒上鹽和黑胡椒粉以200℃氣炸。

3 氣炸4分鐘後拉出來，抹上醬料再氣炸4分鐘，待馬鈴薯
上焦糖色即可。

聖誕便當

造型技巧：
▪ 聖誕女孩／雪人
▪ 蠟燭蛋皮

主菜：
▪ 橙汁佐素排骨

副菜：
▪ 彩椒蒸蛋
▪ 汆燙食蔬

造型技巧 聖誕女孩／雪人

| 預備的工具 | 雕刻刀、剪刀，夾子
| 保存方式・時間 | 建議常溫保存，當天食畢

【材料（1人份）】

麵條 … 12 根
蟳味棒 … 3 根
彩椒頭 …
義大利麵 … 少許
白飯 … 150g
麵包粉 … 少許
海苔 … 1/2 片
鵪鶉蛋 … 2 穎
番茄醬 … 少許

▧ 調味料

醬油 … 1 大匙
味醂 … 1 大匙
鹽、白胡椒粉 … 少許
橄欖油 … 少許

【作法】

1 麵條12根折斷放入熱水中煮滾6分鐘撈起待涼。

2 碗中放入醬油和味醂，再放入步驟1的麵條攪拌著色約10分鐘。

3 蟳味棒放入碗中入電鍋蒸5分鐘，取出待涼做帽子。

4 白飯蒸好，取白飯加鹽少許，橄欖油少許防沾黏，白胡椒粉少許拌勻後，取出100g白飯倒一點番茄醬拌勻做臉和帽子。

5 剩35g白飯做身體，15g做帽簷和領口。

6 鵪鶉蛋燙熟或蒸熟做雪人。

7 義大利麵條（固定帽子和雪人、蠟燭用）。

8 麵包粉撒在帽簷和青花菜上當下雪。

9 海苔剪出眼、眉毛、嘴巴和睫毛，即可組裝。

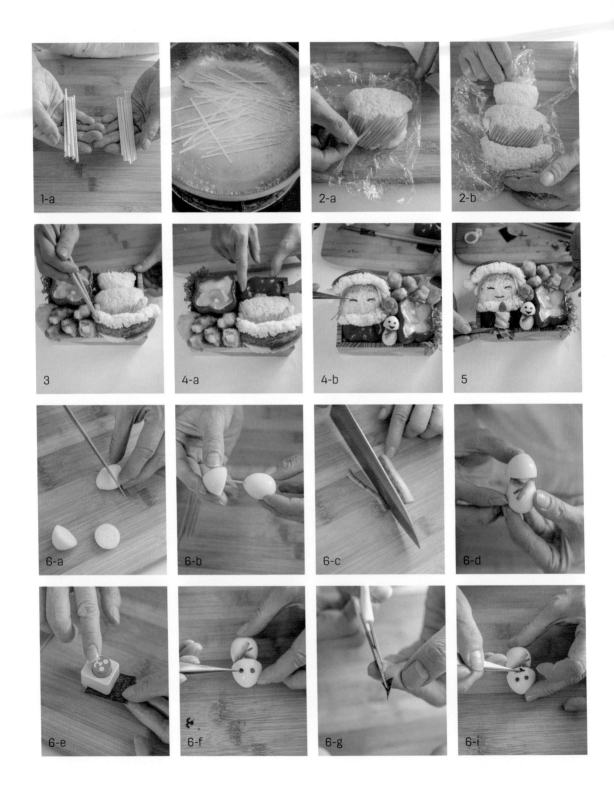

1-a

2-a

2-b

3

4-a

4-b

5

6-a

6-b

6-c

6-d

6-e

6-f

6-g

6-i

蠟燭蛋皮

| 預備的工具 | 雕刻刀、剪刀，夾子
| 保存方式‧時間 | 建議常溫保存，當天食畢

【材料（1人份）】

紅蘿蔔 … 1根
雞蛋 … 1顆
糯米粉 … 5g
中筋麵粉 … 少許
鑫鑫腸 … 1根
義大利麵條 … 少許
金銀糖果裝飾珠 … 少許
雪花裝飾片 … 少許
美乃滋 … 少許
鹽 … 少許

【作法】

1 糯米粉先用湯匙磨碎放入碗中，加入雞蛋和鹽少許拌勻。玉子鍋先預熱，油1匙（份量外），讓蛋液分布均勻，呈現快熟狀態時，翻面熄火用餘溫煎熟。

2 蛋皮用刀畫長條3cm寬捲4次，用義大利麵固定。

3 紅蘿蔔切0.5cm寬的長條，沾美乃滋黏上蛋皮捲。

4 鑫鑫腸刻成胖水滴型當蠟燭，火和草莓葉（剪生菜葉）也行。

造型便當‧溫栗伶

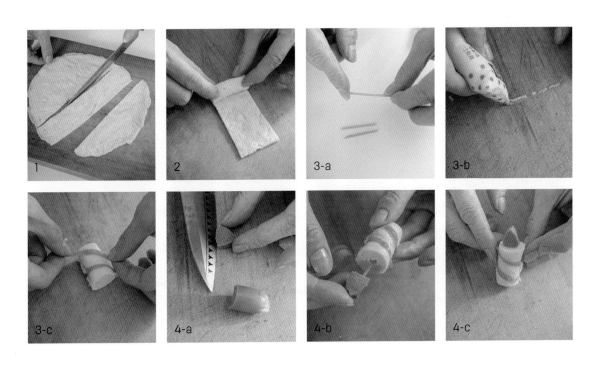

1　2　3-a　3-b

3-c　4-a　4-b　4-c

橙汁佐素排骨

保存方式・時間 建議常溫保存，當天食畢

【材料（1人份）】

蘋果 … 1 個
油條 … 1 個
芋頭 … 1 顆
奶油 … 少許
檸檬 … 半顆
中筋麵粉、酥炸粉 … 各 50g
柳橙 … 1 顆

▧ 醬料
柳橙壓汁 … 45 c.c.
檸檬汁、糖、鹽、
太白粉 … 少許

【作法】

1 蘋果洗淨去皮切成三個長6cm寬1cm長條，用鹽水浸泡防止氧化。

2 油條撥開成三個4cm長條，裡面挖空。

3 芋頭煮熟島成泥取150g，加入奶油10g，拌勻之後，塞入油條內至七至八分滿，再塞入蘋果條，手捏緊一下完成素排骨的塑型。

4 中筋麵粉、酥炸粉加上水成稠狀，把素排骨裹上麵液，不要沾太多，放入平煎鍋炸金黃即可。

5 將醬料放入鍋中煮至收汁黏稠即可。

彩椒蒸蛋

【材料（1 人份）】

紅彩椒 … 1 顆
高湯、鹽、酒少 … 許

【作法】

1 彩椒頭從2.5cm處切掉，去除芯洗淨待用。彩椒頭留著，做女孩衣服。

2 蛋白蛋黃分開，蛋白加入高湯1/4匙，加入鹽、酒拌勻放入彩椒中。

3 取一個碗先放彩椒再注入水約七分滿，外鍋也要注入水，再蓋上鍋蓋蒸煮9分鐘後，倒入蛋黃撒上一點鹽，蓋鍋燜煮4分鐘後，取出放入100℃氣炸鍋5分鐘收汁，取出彩椒待涼。

COOKING POINT ─────────────
彩椒蒸好蛋旁邊會有湯汁，可以用廚房紙巾吸一下汁，撒上麵包粉。

| 保存方式・時間 | 建議常溫保存，當天食畢

造型便當・溫栗伶

| 保存方式・時間 | 建議常溫保存，當天食畢

副菜 汆燙食蔬

【材料（3 人份）】

青花菜 … 5 朵　　▨ 調味料
生菜 … 適量　　　鹽、沙拉油 … 少許

【作法】

1 青花菜5朵對切，洗淨去梗皮。

2 水滾放鹽和沙拉油少許，倒入青花菜滾5-6秒撈起。

台灣彩色營養米

彩色營養米是花蓮在地特色農產品加工,堅持不使用化學香精與色素的理念,採用東部無毒農業米稻與契作各種蔬果,以及海洋深層水養殖綠藻等做為產品研發主軸原料,專注於天然食材加工、萃取等破壁技術,保存營養價值和風味,提供消費者最安全、最健康、最自然的產品。

完全沒有添加任何非天然色素研藝出極美的營養米食,以嶄新的視覺、嗅覺、味覺感受體驗。

~~~~邀約您一起品嚐~~~~

產品通過各項檢測
- ●無農藥檢測
- ●無橘黴毒素
- ●無塑化劑
- ●食品生菌數
- ●八大營養素
- ●無碘檢測
- ●葉綠素檢測
- ●薑黃素檢測
- ●礦物質檢測

| 匹麴萃取 | 薑黃萃取 | 鏈藻萃取 | 匹麴萃取 | 匹蔬菜萃取 | 芥菜萃取 | 免洗米越光米 | 匹薑黃+匹麴萃取 |
| [匹彩米] | [薑彩米] | [鏈藻米] | [粉彩米] | [黃彩米] | [鏈彩米] | [免洗米] | [橘彩米] |

產品製程介紹 → 蔬果 → 前處理 → 萃取 → 濃縮原料 → 白米 → 免洗米 → 著色及乾燥 → 包裝

台灣彩色營養米業股份有限公司
公司網址:www.mitnct.com.tw
TEL:(03)8237637 分機 2322
FAX:(03)8234472
公司地址:97053 花蓮市華東15號 管理大樓三樓
工廠地址:97053 花蓮市華東15號 台肥海洋深層水園區

商標註冊號:01628168
彩米加工廠登記証:15000085
食品業者登錄字號:U-154253348-00000-2
糧商執照:農糧東花字第GG90015003075號

美威鮭魚炭烤野菇炊飯

沿用日本傳統作法以鮭魚、香菇、紅蘿蔔、洋蔥與毛豆仁製成的經典日式鮭魚炊飯,清雅的炭烤風味入饌,搭配粒粒分明、香味撲鼻的米飯,色香味俱全。不須解凍,直接微波加熱後即可享用,健康、美味一次滿足。

新品嘗鮮價 $**149**/盒　定價$169/盒（即日起至7/6）

全台全聯福利中心熱賣中

潤益國際有限公司Richmore Global Ltd.
115台北市南港區忠孝東路六段278巷8號一樓
聯絡電話：02-27863115
傳真電話：02-27863588
營業時間：週一至週五09：00-12：30、13：30-18：00
官方網站：www.richmore.com.tw

豪華超值12件配件組

多樣化的配件，一次滿足各種料理需求！
RICHMORE氣炸鍋可搭配豪華配件組合，即可為您的
料理增添豐富度。無論鹹食、甜點通通都搞定。

Staub鑄鐵鍋
多款多色實用性高，
適合作出千變萬化的菜色

 我愛Staub鑄鐵鍋

加入臉書「我愛STAUB鑄鐵鍋」社團，
與愛好者一起交流互動，
欣賞彼此的料理與美鍋，
每月分享最新情報，
並可參加料理晒圖抽獎活動，大展廚藝。

CB JAPAN CO.,LTD.

立てて運べる
スマートな弁当箱

SUNBOW 台灣總代理：晴虹實業有限公司　● www.sun-bow.com

MICROWAVE OK
[WITHOUT LID]
電子レンジ使用可能
※ご使用の際は蓋を外して下さい。

DISHWASHER OK
食器洗浄機使用可能

700ml

RICE & SIDEDISH ARE BESTIE.

NORME DE BEAUTÉ
store

冷便當聖經

72個愛心餐盒×300道百搭主副菜，用美味佳餚表達量身訂作的愛與初心！

編 著 者	林育嫻
主　　編	王俞惠
責任行銷	王綾翊
全書攝影	璞真奕睿影像
全書設計	Anna D.

第五編輯部總監	梁芳春
董事長	趙政岷
出版者	時報文化出版企業股份有限公司
	108019 臺北市和平西路三段二四〇號

發行專線	(02) 2306-6842
讀者服務專線	(02) 2304-7013、0800-231-705
郵撥	19344724 時報文化出版公司
信箱	10899 台北華江郵局第99信箱
時報悅讀網	www.readingtimes.com.tw
電子郵件信箱	yoho@readingtimes.com.tw
法律顧問	理律法律事務所　陳長文律師、李念祖律師
印刷	和楹印刷有限公司
初版一刷	2021年4月16日
初版二刷	2021年5月26日
定價	新臺幣699元

冷便當聖經/林育嫻編著. -- 初版. -- 臺
北市：時報文化出版企業股份有限公
司, 2021.04

416面 ; 19×24公分
ISBN 978-957-13-8798-7（平裝）